Ahmed Omara

Implementação de hardware para o sistema de segurança automóvel

Ahmed Omara

Implementação de hardware para o sistema de segurança automóvel

ScienciaScripts

Imprint

Cover image: www.ingimage.com

This book is a translation from the original published under ISBN 978-620-2-30693-5.

Publisher:
Sciencia Scripts
is a trademark of
Dodo Books Indian Ocean Ltd. and OmniScriptum S.R.L publishing group

120 High Road, East Finchley, London, N2 9ED, United Kingdom
Str. Armeneasca 28/1, office 1, Chisinau MD-2012, Republic of Moldova, Europe
Printed at: see last page
ISBN: 978-620-8-21489-0

RECONHECIMENTO

Gostaríamos de expressar o nosso mais profundo agradecimento a todos aqueles que nos deram a possibilidade de realizar este projeto. **Hesham El Badawy**, cuja contribuição em sugestões estimulantes, encorajamento, atenção consistente e conselhos nos ajudou a coordenar o nosso projeto e a executá-lo como gostaríamos.

RESUMO

A segurança, em especial a segurança contra roubo de veículos em parques de estacionamento comuns, tornou-se uma questão preocupante. É implementado um sistema de segurança automóvel eficiente para a prevenção do furto utilizando um sistema integrado com um microcontrolador (Arduino Mega) que liga sensores de deteção e um sistema de posicionamento global (GPS) com um sistema global de comunicações móveis (GSM). O trabalho proposto consiste na conceção e implementação de um sistema antirroubo inteligente que utiliza o GPS e o sistema GSM para evitar o roubo e determinar a localização exacta do veículo. O sistema contém o módulo GPS, o modem GSM, o Arduino Mega como microcontrolador, o sensor de infravermelhos, o sensor de chama e o interrutor de relé. Os sensores detectam o estado do veículo, o sistema GPS localiza a localização atual do veículo, o sistema GSM também está instalado no veículo para enviar a informação ao proprietário do veículo de intrusão ilegal, e este sistema envia automaticamente a mensagem de alerta ao proprietário. Dispõe de medidas preventivas, como o corte da ignição do motor, que é controlado através do telemóvel GSM do utilizador ou do proprietário. O proprietário pode bloquear ou desbloquear o seu veículo com a ajuda de SMS. Também fornece proteção contra condições ambientais como o fogo através de um sensor de chama que, com a utilização do GSM, alertará o proprietário em caso de deflagração de incêndio. Trata-se de um dispositivo totalmente integrado e funcional que poderá ser utilizado nos mercados de todo o mundo devido à crescente procura deste tipo de proteção, em virtude do aumento das taxas de roubo de veículos. A ideia foi implementada por diferentes fabricantes de automóveis em todo o mundo, pelo que enfrentámos o desafio de a melhorar. Alguns carros já têm um alarme que depende da pressão do carro, o que dá origem a falsos alarmes que, ao fim de algum tempo, são negligenciados. O nosso objetivo é implementar um sistema preciso que envie um alerta quando for realmente necessário.

O objetivo do projeto é melhorar a segurança do automóvel através da implementação de um pequeno módulo que será capaz de realizar as seguintes funcionalidades adicionais:

- Quando alguém tenta abrir as portas do carro ou a bagageira. O sistema informará o microcontrolador que dará ordem ao módulo GPS/GSM/3G para enviar um alerta ao proprietário.

- O PIR (infravermelhos periféricos) detecta se alguém está no carro e, assim, o proprietário saberá.

- O automóvel não funcionará, uma vez que não lhe chegará gasolina, a menos que o sistema seja desativado pelo proprietário, o que fará com que a pessoa que o queira roubar não tenha outra opção senão segui-lo.

- No caso de o carro ser seguido, o módulo GPS/GSM/3G enviará um alerta instantâneo ao proprietário com as coordenadas do carro.

Índice

Lista de acrónimos/abreviaturas

GSM	Global System for Mobile Communication
GPRS	General Packet Radio Service
GPS	Global Positioning System
IR	Infrared
SD	Secure Digital
SIM	Subscriber Identity Module

Capítulo 1

1Introdução

O furto de automóveis tem sido um problema persistente em todo o mundo, pelo que os governos e as principais empresas de automóveis estão a tentar proporcionar mais proteção aos proprietários. Uma nova estatística internacional da Interpol revelou que 4,2 milhões de veículos foram roubados em 2008 em 149 países de todo o mundo. As estatísticas dos EUA mostram que um carro é roubado a cada 28,8 segundos, o que perfaz mais de 1 milhão de casos de roubo de automóveis por ano. O general Abdel Fatah Osman, assistente do diretor de segurança pública do Ministério do Interior do Egito, revelou que 11 000 veículos foram roubados nas ruas desde o início da revolução de 25 de janeiro. Muitos proprietários de automóveis recorrem a um sistema de alarme para proteger os seus veículos dos criminosos. Infelizmente, mesmo os sistemas de alarme para automóveis mais avançados não são suficientes para impedir o roubo de automóveis. Os ladrões de automóveis que estão bem treinados para expor as vulnerabilidades da segurança automóvel conseguem muitas vezes contornar estes sistemas de alarme para automóveis topo de gama e fugir com o carro ou camião. Mesmo os melhores sistemas de alarme para automóveis não conseguem proteger consistentemente o seu veículo contra danos. Ao mesmo tempo, há limites para o que a polícia pode fazer para manter os nossos automóveis a salvo de intrusos indesejados. Hoje em dia, muitos carros são roubados devido à falta de sistemas de segurança ou, por vezes, devido a sistemas de segurança e de alarme fracos que podem ser acedidos ou desactivados. Assim, é apresentado aqui um sistema de segurança automóvel novo e mais eficiente que pode acrescentar vantagens adicionais em relação aos sistemas existentes. O seu objetivo fundamental é dar ao veículo uma segurança soberba que cubra todos os tipos e fases de roubo. Este sistema consiste em camadas ou fases para detetar diferentes tipos de intrusão e roubo. Impede que o veículo seja ligado ou deixa o motor arrancar quando há uma entrada ilegal, alertando o proprietário através do Sistema Global de Comunicação Móvel (GSM), e também localiza e afecta o veículo em caso de movimento ilegal através do Sistema de Posicionamento Global (GPS). Estes pormenores serão discutidos mais adiante, mas aqui fica uma visão geral do sistema, como mostra a Fig. 1.

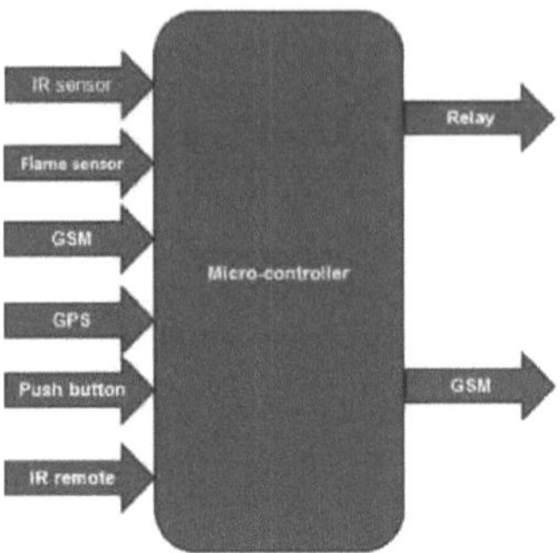

Figura 1-1 Estrutura do sistema

Como se mostra na Fig.l, o nosso projeto é um sistema integrado que depende de várias entradas para detetar a intrusão ilegal no veículo, ligadas entre si através de um sistema Arduino que faz a interface das entradas com o GSM; estas entradas são representadas como camadas ou passos. O primeiro passo são os botões de pressão colocados em todas as portas do veículo que detectam a intrusão ilegal no carro enquanto este está armado. O segundo passo é detetar se alguém está ilegalmente dentro do carro através de um sensor IR. Quando qualquer um destes sensores detecta um comportamento anormal, envia um sinal para o microcontrolador (no nosso caso, o Arduino Mega) que, por sua vez, ordena ao GSM que envie uma mensagem de alerta ao proprietário e corta também o circuito de ignição. O sistema também protege o carro de perigos ambientais como o fogo, está equipado com um sensor de chama para detetar qualquer incêndio no interior do veículo e com a mesma sequência envia um sinal elétrico para o microcontrolador que ordena ao GSM que envie uma mensagem de alerta ao proprietário.

Figura 1-2 Conceito do sistema

Este relatório está dividido em capítulos; o capítulo seguinte explicará o nosso primeiro passo no projeto, que foi a pesquisa de mercado. Para termos um dispositivo que cubra todos os aspectos necessários para proteger o veículo, começámos por procurar os sistemas comerciais actuais que são utilizados e descobrir quais as caraterísticas que o nosso dispositivo tem de ter para competir no mercado. O terceiro capítulo analisará em profundidade os componentes utilizados para construir o nosso projeto, a sua teoria de funcionamento e a forma como funcionam por dentro. O capítulo 4 descreve a teoria de funcionamento que aborda a ligação e a comunicação entre o Arduino e os módulos e componentes utilizados para construir o nosso projeto. O capítulo 5 mostrará como tentámos provar a nossa teoria de funcionamento através da simulação de software e da interface entre o Arduino e os diferentes módulos e componentes selecionados. O último capítulo explicará como conseguimos implementar o hardware e ligá-lo ao Arduino, que fará a interface entre eles. Nesse capítulo, mostraremos o conceito de cablagem e codificação e os problemas que foram enfrentados para, no final, termos um dispositivo totalmente funcional que está pronto para ser utilizado na vida real e competir nos mercados.

Capítulo 2

2Critérios de seleção dos módulos

Para atingir os objectivos e metas determinados para o projeto, começámos a pesquisar no mercado e a recolher informações sobre os componentes e equipamentos disponíveis que nos ajudariam. Durante a nossa pesquisa, havia muitas alternativas para um único componente. Encontrámos alguns sensores e componentes que se baseiam no mesmo conceito teórico de funcionamento, mas com diferentes gamas de funcionamento, precisão, consumo de energia e custo, o que nos levou a escolher os mais eficientes e confortáveis que satisfazem eficazmente os nossos requisitos.

2. 1Módulos do sistema

2.1. 1Sensor de chama

Na nossa pesquisa dos módulos de sensores de chama para Arduino encontrámos diferentes versões, tais como:

Sensor de chama avançado:

Figura 2-1: Sensor de chama avançado [1]

O módulo utiliza 5 sensores de chama. A sensibilidade do sensor pode ser ajustada utilizando o potenciómetro integrado. As suas especificações são as seguintes:

Especificação

1. Tensão de entrada: 3,3V~9V

2 . alcance de deteção: ~ 1,5 metros

3 . ângulo de deteção>120 graus

4 . gama de deteção de comprimento de onda: 700:1100 nm

Figura 2-2: Módulo do sensor de chama [1]

Módulo do sensor de chama:

Este módulo é sensível à chama e à radiação. Pode ser utilizado como alarme de chama ou em robots de combate a incêndios. As suas especificações são as seguintes:

- Tensão de funcionamento 3,3V-5V
- Detecta uma chama ou uma fonte de luz com um comprimento de onda na gama de 760nm-1100 nm.
- Alcance de deteção: até 100 cm.
- Ângulo de deteção de cerca de 60 graus.

Tabela 2-1: Comparação de sensores de chama

Advanced Flame Sensor	**Flame Sensor Module**
Features • 1.Analog / Digital outputs • 2.On-board potentiometer for adjusting sensitivity • 3.Wide angle detection 120 degree • 4.LED indicators	**Features** • Comparator chip LM393 makes module readings stable. • Digital and Analog Output.

Módulo do sensor de chama Descrição

Este módulo é sensível à chama e à radiação. Também pode detetar fontes de luz comuns na gama de um comprimento de onda de 760nm-1100 nm. A distância de deteção é de até 100 cm. O sensor de chama pode emitir um sinal digital ou analógico. Pode ser utilizado como alarme de chama ou em robots de combate a incêndios.

Figura 2-3: Sensor de chama [1]

Caraterísticas

-Detecta uma chama ou uma fonte de luz com um comprimento de onda na gama de 760 nm a 1100 nm

-Distância de deteção : 20cm (4,8V) ~ 100cm (IV)

-Ângulo de deteção de cerca de 60 graus, é sensível ao espetro da chama.

-O chip comparador LM393 torna as leituras do módulo estáveis.

-Alcance de deteção ajustável .

-Tensão de funcionamento 3,3V-5V

-Saída digital e analógica DO saídas digitais de comutação (0 e 1) AO saída de tensão analógica

-Indicador de alimentação e indicador de saída do interrutor digital Descrição da interface (4 fios) 1) VCC -- tensão 3.3V-5V / 2) GND - GND / 3) DO -- interface de saída digital da placa (0 e 1)/4) AO -- interface de saída analógica da placa

2.1.2 Sensor de infravermelhos

Detalhes:

Este sensor de deteção de objectos por infravermelhos possui um par de LEDs de transmissão e receção de infravermelhos. Os infravermelhos são emitidos a uma determinada frequência, quando e quando encontram um obstáculo (superfície reflectora), os infravermelhos reflectidos são recebidos. Após o processamento do circuito comparador, o indicador verde acende-se, ao mesmo tempo que um sinal digital (um sinal de nível baixo) é detectado no pino OUT.

A distância pode ser ajustada utilizando o botão do potenciómetro. A distância efectiva varia entre 2 ~ 30cm e a tensão de funcionamento é de 3,3V a 5V.

Figura 2-4: Sensor de infravermelhos [1]

Caraterísticas

- Alcance efetivo: 2:30 cm (regulável por potenciómetro)
- Alimentação de tensão: 3.3: 5Vcc
- Ângulo de deteção: 35°
- O comparador utiliza o móduloLM393
- Indicador LED (vermelho-> ligado, verde-> deteção)
- Saída digital

2.1.3 Relé

Escudo de relé de 4 canais (controlo Arduino ou ZigBee)

Figura 2-5: Relé de canal [1]

O Relay Shield é um módulo inteligente compatível com Arduino com **4 relés mecânicos**. A potência máxima de comutação é de 35VDC 70W para cada um dos quatro canais. O escudo de relé pode ser controlado remotamente.

Pode ser controlado por:

- Diretamente através do Arduino (com alimentação externa de 9 V).

Módulo de relé (2 canais - 12V)

Figura 2-6: Relé de canal [1]

Este módulo relé é composto por 2 relés. Cada relé está ligado a um buffer de corrente para que este módulo possa ligá-los diretamente a um controlador.

Especificações;

- Classificação: 10A (250V AC ou 30 V DC)
- Tensão de entrada (controlo):12VDC

Tabela 2-2: Comparação dos módulos de relé

4 Channels Relay Shield **(Arduino or ZigBee Control)**	**Relay Module** **(2 Channels - 12V)**
The Relay Shield is an Arduino compatible smart module with **4 mechanical relays**. The max switching power is 35VDC 70W for each of the four channels. The Relay shield can be remotely controlled. **It can be controlled by:** • Directly using Arduino (with external 9 V supply).	This relay module consists of 2 relays. Each relay is connected to a current buffer so that this module can connect them directly to a controller. **<u>Specifications:</u>** • Rating: 10A (250V AC or 30 V DC) • Input (Control) voltage: 12 VDC

Figura 2-7: Canal de relé [1]

2 canais de retransmissão

Este módulo relé é composto por 2 relés. Cada relé está ligado a um buffer de corrente para que este módulo possa ligá-los diretamente a um controlador. Estes relés podem facilmente controlar dispositivos de alta potência ou aparelhos usando Arduino ou microcontroladores, o relé é classificado para 230V 10Amps. O módulo tem 3 LEDs, um para a alimentação e 2 para indicar os sinais do relé.

Especificações

Classificação: 10A(250VAC ou30VDC)

Tensão de entrada (controlo): 12 VDC

Ligações

As ligações ao lado do seu Arduino (ou microcontrolador):

- VCC - tensão de alimentação. 12V.

- IN1 - com o valor HIGH o relé passa para o estado "default", com o valor LOW o relé passa para o estado alternativo

- IN2 - igual a INI, mas controla o segundo relé na placa

- GND - terra

As ligações ao lado do dispositivo de alimentação;

- NC: Normalmente fechado

- COM: Comum

- NA: Normalmente aberto

2.1.4 Escudo Arduino GSM-GPRS

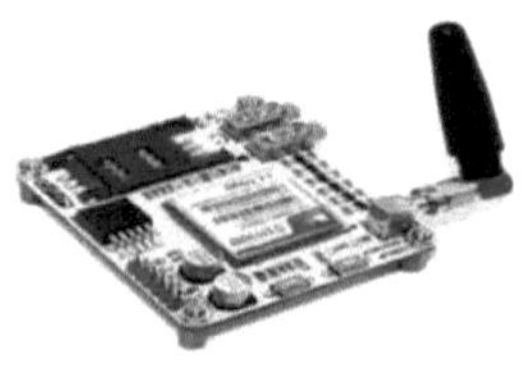

Figura 2-8: Módulo GSM-GPRS [1]

Módulo GSM-GPRS

Módulo GPRS/GSM de 4 frequências - é um módulo sem fios ultra-compacto e fiável. Trata-se de uma placa de circuito impresso e de um sistema mínimo do módulo SIM900 Quad-band GSM/GPRS.

Escudo Arduino GSM-GPRS

Figura 2-9: Escudo GSM-GPRS [1]

O GSM-GPRS Shield é um módulo sem fios ultra-compacto e fiável. Baseia-se no módulo GPRS de 4 frequências SIM900. O GSM-GPRS Shield é configurado e controlado através da sua UART utilizando comandos AT simples.

Tabela 2-3: Comparação de módulos GSM

GSM-GPRS Module	GSM-GPRS Arduino Shield
Features • Fully compatible with AVR/PIC/Arduino/ARM/FPGA • Super capacitor power supply for the RTC. • Not only can use the button for power on, but also can use the digital pin of Arduino to power on and reset the SIM900 module. • Quad-Band 850/ 900/ 1800/ 1900 MHz • Control via AT commands	**Features** • Fully compatible with Arduino Uno and Mega. • Super capacitor power supply for the RTC. • Not only can use the button for power on, but also can use the digital pin of Arduino to power on and reset the SIM900 module. • Quad-Band 850/ 900/ 1800/ 1900 MHz • Control via AT commands
• Supply voltage range : 3.1 ... 4.8V • Dimension:60 mm x 53 mm	• Supply voltage range : 3.1 ... 4.8V • Dimension: 68.33x53.09mm (Same dimension of Arduino main board)

2.1.4.1 Escudo ArduinoGSM-GPRS

O GSM-GPRS Shield é um módulo sem fios ultra-compacto e fiável. Baseia-se no módulo GPRS de 4 frequências SIM900. O GSM-GPRS Shield é configurado e controlado através da sua UART utilizando comandos AT simples. O bloco de dois jumpers pode ser utilizado como interrutor na placa para ligar o poste URAT do SIM900 a quaisquer pinos dentro de D0-D3 (para porta série de Hardware/Software).

Podemos usá-lo para selecionar a ligação da porta UART ou da porta de depuração, ou mesmo para ser configurado no Arduino. O shield permite que este módulo consiga fazer isso através de qualquer um dos três métodos: Serviço de Mensagens Curtas, Áudio e GPRS.

Usando a fonte de alimentação do super capacitor para o RTC, ele pode trabalhar mais de 1 dia pela fonte de alimentação do super capacitor. Assim, o SIM900 pode manter a hora e o dia quando desligado.

Figura 2-10: Proteção GSM/GPRS [1]

Caraterísticas

- Totalmente compatível com Arduino Uno e Mega.
- Conexão da porta serial livre, podemos selecionar o controle da porta serial do hardware (D0/D1) ou a porta serial do software (D2/D3).
- SIM900 todos os pinos de breakout. Não apenas a porta UART e a porta de depuração estão dispostas.
- Fonte de alimentação de supercondensadores para o RTC.
- Não só pode utilizar o botão para ligar, mas também pode utilizar o pino digital do Arduino para ligar e reiniciar o módulo SIM900.
- Quadribanda 850/900/1800/1900 MHz
- Controlo através de comandos AT
- Gama de tensão de alimentação :3,1 ... 4,8V
- Dimensão: 68,33x53,09mm (A mesma dimensão da placa principal do Arduino)

2.1. 5Arduino

O Mega 2560 é uma placa de microcontrolador baseada no ATmega2560. Tem 54 pinos de entrada/saída digitais (dos quais 15 podem ser utilizados como saídas PWM), 16 entradas analógicas, 4 UARTs (portas seriais de hardware), um oscilador de cristal de 16 MHz, uma ligação USB, uma tomada de alimentação, um cabeçalho ICSP e um botão de reset. Contém tudo o que é necessário para suportar o microcontrolador; basta ligá-la a um computador com um cabo USB ou alimentá-la com um adaptador AC-to-DC ou uma bateria para começar. A placa Mega 2560 é compatível com a maioria dos shields concebidos para o Uno e com as antigas placas Duemilanove ou Diecimila.

O Mega 2560 é uma atualização do Arduino Mega, que substitui.

Figura 2-11: Arduino Mega [2]

Tabela 2-4: Especificações do Arduino Mega

Microcontroller	ATmega2560
Operating Voltage	5V
Input Voltage (recommended)	7-12V
Input Voltage (limit)	6-20V
Digital I/O Pins	54 (of which 15 provide PWM output)
Analog Input Pins	16

DC Current per I/O Pin	20 mA
DC Current for 3.3V Pin	50 mA
Flash Memory	256 KB of which 8 KB used by bootloader
SRAM	8 KB
EEPROM	4 KB
Clock Speed	16 MHz
Length	101.52 mm
Width	53.3 mm
Weight	37 g

2.1. 6Bateria de polímero de lítio

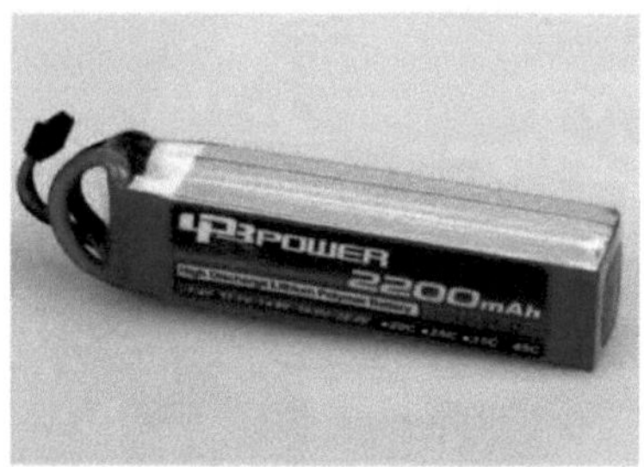

Figura 2-12: Bateria de polímero de lítio [1]

Descrição do produto

Esta é uma bateria de lítio de alta qualidade. O seu baixo peso/tamanho e a sua elevada potência tornam-na adequada para muitas aplicações.

Capacidade mínima: 2200mAh (capacidade real de 100%)

Configuração: 3S1P/ 11.lv/ 3Cell

Descarga constante: 35C

Peso da embalagem: 185g

Tamanho da embalagem: 103 x 33x 24mm

Ficha de carregamento: JST-XH

Ficha de descarga: Tipo T

2.1. 7GPS

Módulo GPS Ublox NEO-6m

Figura 2-13: GPS [1]

O motor GPS Ublox NEO-6M nesta placa é bastante bom, com saída binária de alta precisão. Tem também uma sensibilidade elevada para aplicações em interiores. O módulo GPS tem uma bateria para backup de energia e EEprom para armazenar as definições de configuração.

A antena é ligada ao módulo através de um cabo ufl que permite flexibilidade na montagem do GPS, de modo a que a antena veja sempre o céu para um melhor desempenho. Isto torna-o potente para utilização em automóveis e outras aplicações móveis.

Figura 2-14: Módulo GPS do Skylab [1]

Módulo GPS UART Skylab
O Skylab SKM53 GPS é um módulo de tamanho pequeno e baixo peso que vem com antena incorporada. Onde o GPS não era possível antes.

Este GPS é fácil de utilizar e ligar e pode ser integrado com Arduino ou microcontroladores. Ele emite o formato padrão NMEA A-0183, verifique abaixo o tutorial do Arduino Egypt sobre como usar e conectar com o Arduino, incluindo o software de demonstração.

Tabela 2-5: Comparação dos módulos GPS

Ublox NEO-6m GPS Module	**Skylab UART GPS Module**
Features • Cold start time of 38 s and Hot start time of 1 s • Supply voltage: 3.3 V t • Configurable from 4800 Baud to 115200 Baud rates. (default 9600) • Super Sense ® Indoor GPS: -162 dBm tracking sensitivity • 5Hz position update rate • Operating temperature range: -40 TO 85°C • UART TTL socket • EEprom to save configuration settings • Separated 18X18mm GPS antenna • **Dimension:** 22X30X13 mm • **Weight:** 12g	**Features** • 22 tracking/66 acquisition-channel receiver. • Internal back-up battery. • NMEA-0183 compliant protocol. • Operating temperature range: -40 to 85°C. • Embedded patch antenna 18.2 x 18.2 x 4.0 mm. • Small form factor: 30x20x11.4mm. • Power: 5 VDC.

2.1.8 Módulo de interface paralela USB-para-FIFO (FT245)

Este módulo é uma interface USB para FIFO paralelo (8 bits). Baseia-se no famoso IC FT245RL da FDI. Este módulo FIFO oferece ao utilizador 8 pinos de E/S para leitura e escrita paralelas. Pode ser utilizado para muitas aplicações; basicamente, permite uma utilização fácil do USB sem qualquer conhecimento do próprio USB ou da sua complexidade.

O módulo liga-se por 2 sinais diretamente ao conetor USB, enquanto que do lado da aplicação fornece 8 sinais bidireccionais mais sinais de controlo de fluxo. O módulo é capaz de taxas de transferência de dados até 1 MB/seg. Além disso, suporta memória EEPROM externa e oscilador interno.

Existe um strap utilizado para selecionar o nível de saída VCC fornecido na placa (5 ou 3,3 v)

Figura 2-15: Módulo de cartão SD [1]

e O LED PWR é utilizado para verificar se o módulo está a ser alimentado.\

Aplicações

Segundo a FDI, todas estas aplicações são possíveis:

- Atualização de periféricos antigos para USB
- Cabos e interfaces de transferência de dados USB para telemóveis e telefones sem fios
- Interface de projectos baseados em MCU / PLD / FPGA para USB
- Transferência de dados USB de áudio e vídeo de baixa largura de banda
- Transferência de dados PDA para USB
- Leitores de cartões USBSmart
- USB Interface para leitor de MP3
- Leitor de cartões USBFLASH /Gravadores

- Set Top Box PC - Interface USB
- USBInterface de câmara digital
- USBHardware Modems
- USBModems sem fios

2.2 Estudo de mercado

Para completar a verificação da qualidade das caraterísticas e especificações do nosso sistema e descobrir os seus pontos fortes e fracos, temos de completar o estudo de mercado para saber mais sobre outros sistemas comerciais existentes em comparação com o nosso sistema. A nossa pesquisa levou-nos a encontrar dois dos sistemas mais utilizados e mais difundidos:

1) OnStar
2) LoJack

1) **LoJack**

Figura 2-16: Marca registada LoJack [17]

É um dos exemplos mais famosos de segurança automóvel que utiliza a localização por rádio para perseguir e recuperar veículos roubados. A maioria dos dispositivos de localização partilham o mesmo princípio: pequenos transceptores estão escondidos algures dentro do carro e podem ser localizados por uma fonte externa sintonizada na frequência adequada. Uma vez que os receptores GPS requerem uma linha de visão para um satélite em órbita para adquirir uma posição fixa, sistemas como o LoJack têm a vantagem de localizar carros em alguns locais onde o GPS não funciona.

Devido aos laços estreitos com as organizações de aplicação da lei, os dispositivos de localização LoJack aparecem efetivamente nos sistemas informáticos da polícia. As unidades LoJack estão ligadas ao número único de identificação do veículo (VIN), pelo que quando um carro é dado como roubado e o VIN é introduzido no computador da polícia estatal, a unidade LoJack do veículo é automaticamente activada

A desvantagem da parceria da LoJack com a polícia é que o sistema de recuperação só é válido em determinados condados dos Estados Unidos - e é caro. A versão básica do LoJack custa 695 dólares.

2) **OnStar**

O OnStar é muito mais do que um simples sistema de segurança - é mais um sistema de serviço abrangente, e as suas aplicações móveis para iPhone e Android facilitam ainda mais funcionalidades como o desbloqueio remoto de portas. A abrangência tem um custo, é claro - no caso do OnStar, isso significa 199 dólares por ano para um plano básico "Safe & Sound" ou 299 dólares por ano para o plano "Diretions & Connections", que acrescenta a navegação curva a curva.

Figura 2-17: Marca registada OnStar [19]

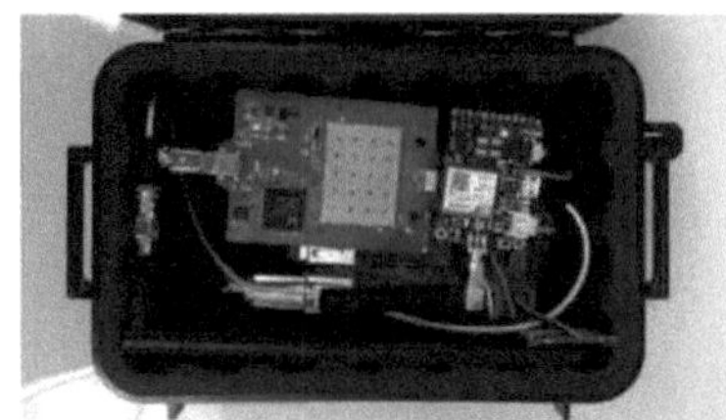

Figura 2-18: Conceção do sistema OnStar [18]

A BMW começou a oferecer a sua própria versão do OnStar, o BMW Assist, com a sua série de automóveis de 2007. O BMW Assist inclui a maioria das funcionalidades que tornam o OnStar tão popular. A BMW afirma que trabalhará com a polícia para ajudar na recuperação de veículos roubados. Uma vez que o sistema utiliza um sistema GPS para localização e um sistema celular para comunicação, tal como o OnStar, a BMW pode potencialmente trabalhar com a polícia para fornecer dados de localização GPS. O pacote vem com dois comandos de quatro botões que funcionam através de frequências de rádio até uma distância de cerca de 402 metros - um alcance mais curto do que o Commando. O sensor de impacto Stinger detecta a pressão aplicada ao veículo e pode responder a ocorrências mais ligeiras com um som de alarme em vez de uma explosão de som do sistema de sirene de seis tons. Por exemplo, qualquer pessoa que se encoste ao seu carro na rua receberá um aviso ligeiro em vez de um alarme estridente que perturba toda a vizinhança. O Failsafe Starter Kill, que deve ser ativado depois de estacionar e sair do carro, foi concebido para manter o motor bloqueado. Uma vez ativado, não arranca, mesmo com uma chave.

As opções de conveniência, como o arranque remoto do motor e a entrada sem chave ou a abertura da bagageira, também estão aqui. Embora a Viper tenha fixado um preço sugerido de 299,99 dólares, o sistema de segurança Viper 1002 é vendido por um preço consideravelmente inferior numa série de lojas: A Amazon.com vende-o por 112 dólares.

Agora que já demos uma boa vista de olhos aos sistemas de segurança multifunções, vejamos um dispositivo mais específico com um objetivo singular: manter o motor frio, por mais que os ladrões de automóveis tentem fazer um "ajoyride".

Agora que já falámos do OnStar e do LoJack, dois dos maiores nomes da segurança automóvel, vejamos uma comparação entre as caraterísticas do nosso sistema e as dos dois mencionados anteriormente:

Quadro 2-6: Comparação de sistemas

Features	The proposed System	OnStar	LoJack
Flame detection	Yes	No	No
Motion detection	Yes	No	No
Tracking	Using GPS	Using GPS	Limited using VIN
Arming and disarming	Remotely , SMS	Remotely ,within the range	No
Cost	150$	299.99$	695$
Other security actions	Starter kill , statues update using SMS	Starter kill	No

Capítulo 3

3 Descrição dos componentes

3. 1ARDUINO

A Mega 2560 é uma placa de microcontroladores baseada no ATmega2560. Tem 54 pinos de entrada/saída digitais (dos quais 15 podem ser utilizados como saídas PWM), 16 entradas analógicas, 4 UART (portas de série de hardware), um oscilador de cristal de 16 MHz, uma ligação USB, uma tomada de alimentação, um conetor ICSP e um botão de reinicialização. Contém tudo o que é necessário para suportar o microcontrolador; basta ligá-la a um computador com um cabo USB ou alimentá-la com um adaptador AC-to-DC ou uma bateria para começar. A placa Mega 2560 é compatível com a maioria dos shields concebidos para o Uno e com as antigas placas Duemilanove ou Diecimila.

O microcontrolador Atmel 8-bit AVR RISC de alto desempenho e baixo consumo de energia combina 256KB de memória flash ISP, 8KB de SRAM, 4KB de EEPROM (Electrically Erasable Programmable ROM, o que significa que pode substituir os novos códigos apenas com um impulso elétrico, dando-lhe a possibilidade de experimentar facilmente vários códigos e programas), 86 linhas de E/S de uso geral, 32 registos de trabalho de uso geral, contador em tempo real, seis temporizadores/contadores flexíveis com modos de comparação, PWM, 4 USARTs, interface série de 2 fios orientada para bytes, conversor A/D de 16 canais de 10 bits e uma interface JTAG para depuração no circuito integrado. O dispositivo atinge uma taxa de transferência de 16 MIPS a 16 MHz e funciona entre 4,5-5,5 volts.

Ao executar instruções poderosas num único ciclo de relógio, o dispositivo atinge uma taxa de transferência próxima de 1 MIPS por MHz, equilibrando o consumo de energia e a velocidade de processamento.

Potência

O Mega 2560 pode ser alimentado através da ligação USB ou de uma fonte de alimentação externa. A fonte de alimentação é selecionada automaticamente.

A alimentação externa (não-USB) pode vir de um adaptador AC-to-DC (wall-wart) ou de uma bateria. O adaptador pode ser ligado ligando uma ficha de 2,1 mm de centro-positivo à tomada de alimentação da placa. Os fios de uma bateria podem ser inseridos nas cabeças dos pinos GND e Vin do conetor POWER.

A placa pode funcionar com uma alimentação externa de 6 a 20 volts. No entanto, se a alimentação for inferior a 7V, o pino de 5V pode fornecer menos de cinco volts e a placa pode tornar-se instável. Se utilizar mais de 12V, o regulador de tensão pode sobreaquecer e danificar a placa. O intervalo recomendado é de 7 a 12 volts.

Os pinos de alimentação são os seguintes:

Vin: A tensão de entrada para a placa quando esta está a utilizar uma fonte de alimentação externa (em oposição aos 5 volts da ligação USB ou de outra fonte de alimentação regulada). Pode fornecer tensão através deste pino ou, se fornecer tensão através da tomada de alimentação, aceder a ela através deste pino.

- Este pino produz uma saída regulada de 5V do regulador na placa. A placa pode ser alimentada pela tomada de alimentação DC (7 - 12V), pelo conetor USB (5V) ou pelo pino VIN da placa (7-12V). O fornecimento de tensão através dos pinos de 5V ou 3.3V contorna o regulador e pode danificar a sua placa. Não o aconselhamos.

- 3V3. Uma alimentação de 3,3 volts gerada pelo regulador integrado. Corrente máxima

é de 50 mA.

- GND. Pinos de terra.

- IOREF. Este pino na placa fornece a referência de tensão com a qual o microcontrolador funciona. Um shield devidamente configurado pode ler a tensão do pino IOREF e selecionar a fonte de alimentação adequada ou ativar tradutores de tensão nas saídas para trabalhar com 5V ou 3,3V.

Figura 3-1: Descrição do Arduino Mega [20]

Caraterísticas físicas e compatibilidade de blindagem

O comprimento e a largura máximos da placa de circuito impresso Mega 2560 são de 4 e 2,1 polegadas, respetivamente, com o conetor USB e a tomada de alimentação a prolongarem-se para além da primeira dimensão. Três orifícios para parafusos permitem que a placa seja fixada a uma superfície ou caixa. Note-se que a distância entre os pinos digitais 7 e 8 é de 160 mil (0,16"), não sendo um múltiplo par do espaçamento de 100 mil dos outros pinos.

O Mega 2560 foi concebido para ser compatível com a maioria dos shields concebidos para o Uno e para as placas Arduino Decimal ou Duemilanove mais antigas. Os pinos digitais 0 a 13 (e os pinos AREF e GND adjacentes), as entradas analógicas 0 a 5, o conetor de alimentação e o conetor ICSP estão todos em locais equivalentes. Além disso, a UART principal (porta serial) está localizada nos mesmos pinos (0 e 1), assim como as interrupções externas 0 e 1 (pinos 2 e 3, respetivamente). O SPI está disponível através do cabeçalho ICSP nas placas Mega 2560 e Duemilanove/Diecimila. Observe que o I2C não está localizado nos mesmos pinos da placa Mega 2560 (20 e 21) que as placas Duemilanove / Diecimila (entradas analógicas 4 e 5).

Tabela 3-1: Capacidades físicas do Arduino Mega

Operating Voltage	5V
Input Voltage (recommended)	7-12V
Input Voltage (limit)	6-20V
Digital I/O Pins	54 (of which 15 provide PWM output)
Analog Input Pins	16
DC Current per I/O Pin	20 mA
DC Current for 3.3V Pin	50 mA
Flash Memory	256 KB of which 8 KB used by bootloader
SRAM	8 KB
EEPROM	4 KB
Clock Speed	16 MHz
Length	101.52 mm
Width	53.3 mm
Weight	37 g

3. 2Sensor IR

O sensor de infravermelhos é utilizado para detetar qualquer intrusão ou movimento no interior do automóvel. Os infravermelhos são emitidos a uma determinada frequência, quando e quando encontram um obstáculo (superfície reflectora), são recebidos os infravermelhos reflectidos. Após o processamento do circuito comparador, o indicador verde acende-se e, ao mesmo tempo, é detectado um sinal digital (um sinal de nível baixo) no pino OUT. Alcance efetivo da distância 2 ~ 30cm, a tensão de trabalho é 3.3V a 5V e o ângulo de deteção é igual a 35 .º

Figura 3-2: Sensor IR [1]

Mecanismo de funcionamento

Um sensor de infravermelhos é basicamente um dispositivo que consiste num par de um LED de infravermelhos e um fotodíodo que são coletivamente designados por fotoacoplador ou optoacoplador. O LED IR emite radiação IR, cuja receção e/ou intensidade de receção pelo fotodíodo determina a saída do sensor. Agora, há muitas maneiras pelas quais a radiação pode ou não ser capaz de alcançar o fotodíodo. Vamos discutir algumas delas.

Incidência direta

Podemos segurar o LED IR diretamente em frente do fotodíodo, de modo a que quase toda a radiação emitida atinja o fotodíodo. Isto cria uma linha invisível de radiação IR entre o LED IR e o fotodíodo. Agora, se for colocado um objeto opaco a obstruir esta linha, a radiação não chegará ao fotodíodo e será reflectida ou absorvida pelo objeto obstrutivo. Este mecanismo é utilizado em contadores de objectos e alarmes contra roubo.

Incidência indireta

A física do liceu ensinou-nos que a cor preta absorve toda a radiação e a cor branca reflecte toda a radiação. Utilizamos este conhecimento para construir o nosso sensor de infravermelhos. Se colocarmos o LED IR e o fotodíodo lado a lado, próximos um do outro, a radiação do LED IR será emitida diretamente na direção para a qual o LED IR está apontado, o mesmo acontecendo com o fotodíodo, pelo que não haverá incidência da radiação no fotodíodo. Para melhor compreensão, consulte a parte direita da ilustração abaixo. Mas, se colocarmos um objeto opaco à frente dos dois, ocorrem dois casos:

Superfície reflectora

Se o objeto for refletor (branco ou de outra cor clara), a maior parte da radiação será reflectida por ele e incidirá no fotodíodo. Para uma melhor compreensão, consulte a parte esquerda da ilustração abaixo.

Superfície não reflectora

Se o objeto não for refletor (preto ou outra cor escura), a maior parte da radiação será absorvida por ele e não incidirá no fotodíodo. É semelhante a não haver qualquer superfície (objeto) para o sensor, pois em ambos os casos não recebe qualquer radiação.

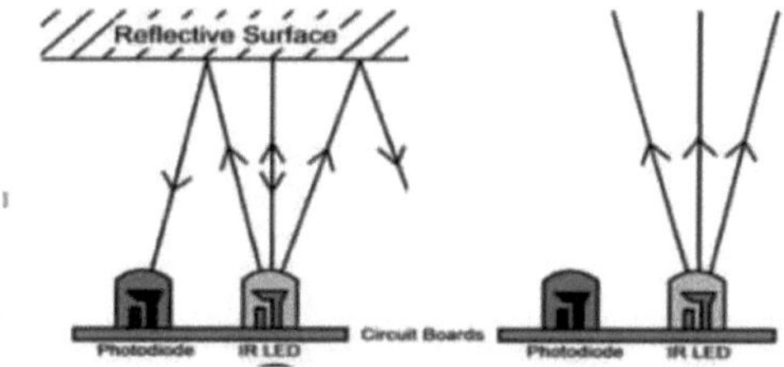

Figura 3-3: Superfície não reflectora [13]

Dados digitais

Os dados digitais são expressos em termos de dois valores discretos, 0 e 1. A unidade mais pequena de dados digitais é designada por "bit". Um bit de dados digitais só pode ser um de dois valores, 0 e 1, ao contrário dos dados analógicos, em que uma unidade de dados analógicos pode conter qualquer valor possível. Por exemplo, há um carro de brincar concebido de forma a que o controlo remoto tenha apenas 2 botões. Ambos farão o carro andar para a frente, um com uma velocidade de 30 Km/h e outro com 60Km/hr. Vemos aqui que não temos a opção de mover o carro a qualquer outra velocidade para além das definidas acima, existem apenas dois níveis discretos de velocidade. É assim que os dados digitais são na natureza.

Os dados analógicos podem ser convertidos em dados digitais utilizando conversores analógico-digitais (ADC). Os leitores de CD de música que temos em casa não são mais do que conversores analógico-digitais altamente sofisticados, uma vez que convertem dados analógicos (música) de um CD em dados digitais, processam os dados, amplificam-nos, reconvertem os dados processados em dados analógicos e emitem os

música através de altifalantes. No hardware, a informação digital pode ser expressa em tensões, ou seja, 0 Volts e 5 Volts. São também conhecidas como lógica digital alta (representada por '1') para 5 V e lógica digital baixa (representada por '0') para 0 Volts.

Se quisermos criar um sensor digital, teremos de utilizar um dispositivo que crie níveis discretos e que dê apenas 0 e 5 volts como saída. Este dispositivo no projeto que estamos a utilizar é o LM358M, que é um amplificador operacional duplo. Qualquer amplificador operacional de uso geral com ganho e tensões de funcionamento semelhantes pode ser utilizado, como o LM324M. Esta saída digital do sensor pode ser alimentada nos pinos GPIO (General Purpose Input/Output) de qualquer microcontrolador. Para saber como utilizar os microcontroladores AVR para converter e processar dados analógicos.

LED IR

Um led IR é um tipo de led que emite luz na gama de frequências dos infravermelhos, daí o nome led 'IR'. Note-se que a radiação de infravermelhos é invisível ao olho humano e, por isso, não podemos ver um led IR a emiti-la quando de facto o faz. Mas há uma forma de ver as radiações IR, se quiser. Se olharmos para a radiação infravermelha através da lente de uma câmara, conseguiremos vê-la. Além disso, em todos os outros sentidos, um led IR funciona exatamente como um led normal (veja a imagem acima), consome uma corrente de cerca de 20ma e funciona com cerca de 3v dc. Consulte o diagrama abaixo para obter detalhes sobre as ligações do LED IR, bem como do LED normal, se optar por utilizar um.

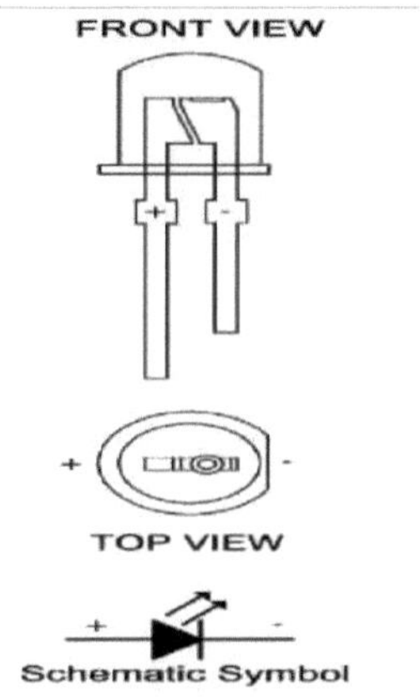

Figura 3-4: Led IR [13]

Fotodíodo

Um fotodíodo é um tipo de díodo que detecta a luz. Podemos pensar que tem uma resistência muito elevada quando não há luz a incidir sobre ele. À medida que aumentamos a intensidade da luz que incide sobre ele, a corrente que o atravessa também aumenta gradualmente. Assim, ao aumentar a luz incidente num fotodíodo, convertemo-lo numa resistência normal de baixo valor, que conduz corrente. Devemos notar aqui que um fotodíodo é exatamente igual a um LED, por vezes com uma película azul escura ou preta no invólucro exterior, mas utilizamo-lo em polarização inversa, ou seja, em configuração oposta à de um LED. Pode consultar o diagrama acima para ver as ligações do fotodíodo, mas lembre-se de o ligar em polarização inversa, como mostra o diagrama do circuito apresentado na secção "Como funciona?

IC Op-Amp LM393 **(como um comparador de tensão)**

O LM393 é um amplificador operacional duplo (Op-Amp) de uso geral. Conhecer o funcionamento de um amplificador operacional aqui é realmente inútil para nós, uma vez que não o estamos a utilizar como um amplificador como tal, por isso só vamos falar sobre como o utilizamos aqui no circuito do sensor IR, o que faz, mas não muito sobre como o faz. Basicamente, usamo-lo para comparar duas tensões, uma é fixa e a outra varia com um parâmetro ambiental. Se a tensão controlada por um parâmetro for superior à tensão fixa, então o CI deve dar uma saída e, se for inferior à tensão fixa, deve dar outra saída. Assim, vemos que o CI dá apenas dois tipos de saídas, que concebemos para serem 5 Volts e 0 Volts. Isto torna o nosso sensor digital.

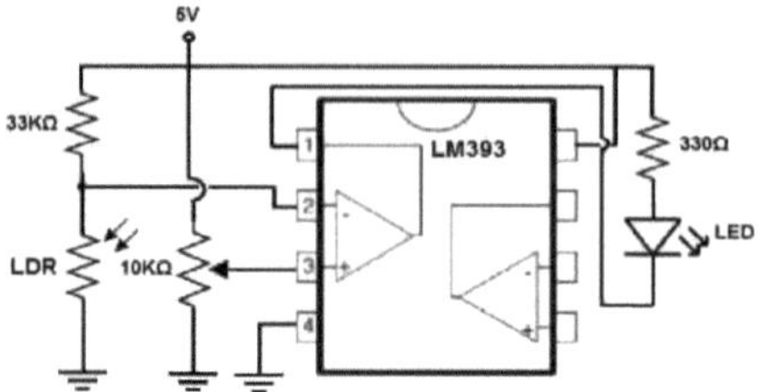

Figura 3-5: Comparadores de tensão Op-Amp LM393 [21]

O comparador utiliza o LM393; este dispositivo consiste em dois comparadores de tensão independentes que foram concebidos para funcionar a partir de uma única fonte de alimentação numa vasta gama de tensões. O funcionamento a partir de fontes duplas também é possível desde que a diferença entre as duas fontes seja de 2 V a 36 V, e VCC seja pelo menos 1,5 V mais positivo do que a tensão de modo comum de entrada. A drenagem de corrente é independente da tensão de alimentação. As saídas podem ser conectadas a outras saídas de coletor aberto para obter relações de fio-AND. Os dispositivos LM393 são caracterizados para operação de 0° C a 70° C.

Caraterísticas

- Alcance efetivo: 2:30 cm (regulável por potenciómetro)
- Alimentação de tensão: 3.3: 5Vcc
- Ângulo de deteção: 35°
- O comparador utiliza o móduloLM393
- Indicador LED (vermelho-> ligado, verde-> deteção)
- Saída digital

3.3 Sensor de chama

O sensor de chama é utilizado para detetar incêndios no interior do veículo. Este módulo é sensível à chama e à radiação. Também pode detetar fontes de luz comuns na gama de um comprimento de onda de 760nm-1100 nm. As suas distâncias de deteção são de 20cm (4.8V) ~ 100cm (IV) e o ângulo de deteção é de cerca de 60 graus. Também utiliza o comparador LM393 que torna as leituras do módulo estáveis. Pode ser utilizado como alarme de chama ou em robots de combate a incêndios.

Figura 3-6: Sensor de chama [1]

Fotodíodo

Um fotodíodo é um tipo de díodo que detecta a luz. Podemos pensar que tem uma resistência muito elevada quando não há luz a incidir sobre ele. À medida que aumentamos a intensidade da luz que incide sobre ele, a corrente que o atravessa também aumenta gradualmente. Assim, ao aumentar a luz incidente num fotodíodo, convertemo-lo numa resistência normal de baixo valor, que conduz corrente. Devemos notar aqui que um fotodíodo é exatamente igual a um LED, por vezes com uma película azul escura ou preta no invólucro exterior, mas utilizamo-lo em polarização inversa, ou seja, em configuração oposta à de um LED. Pode consultar o diagrama acima para ver as ligações do fotodíodo, mas lembre-se de o ligar em polarização inversa, como mostra o diagrama do circuito apresentado na secção "Como funciona?

IC Op-Amp LM393 **(como comparador de tensão)**

O LM393 é um amplificador operacional duplo (Op-Amp) de uso geral. Conhecer o funcionamento de um amplificador operacional aqui é realmente inútil para nós, uma vez que não o estamos a utilizar como um amplificador como tal, por isso só vamos falar sobre como o utilizamos aqui no circuito do sensor IR, o que faz, mas não muito sobre como o faz. Basicamente, usamo-lo para comparar duas tensões, uma é fixa e a outra varia com um parâmetro ambiental. Se a tensão controlada por um parâmetro for superior à tensão fixa, então o CI deve dar uma saída e, se for inferior à tensão fixa, deve dar outra saída. Assim, vemos que o CI dá apenas dois tipos de saídas, que concebemos para serem 5 Volts e 0 Volts. Isto torna o nosso sensor digital.

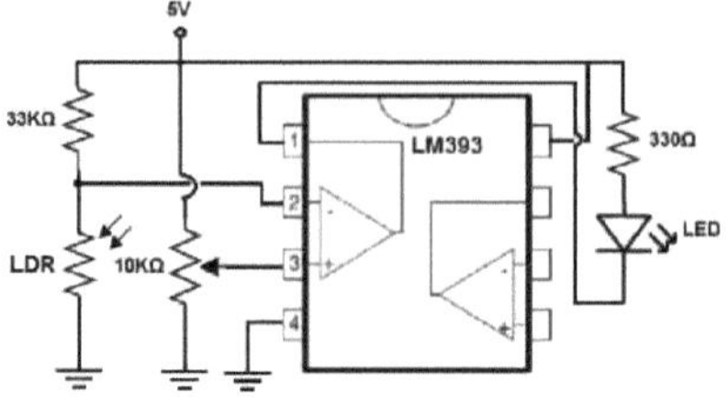

Figura 3-7: IC Op-Amp LM393 [21]

Caraterísticas

-Detecta uma chama ou uma fonte de luz com um comprimento de onda na gama de 760 nm a 1100 nm

-Distância de deteção : 20cm (4,8V) ~ 100cm (IV)

-Ângulo de deteção de cerca de 60 graus, é sensível ao espetro da chama.

-O chip comparador LM393 torna as leituras do módulo estáveis.

-Alcance de deteção ajustável .

-Tensão de funcionamento 3,3V-5V

-Saída digital e analógica DO saídas digitais de comutação (0 e 1) AO saída de tensão analógica

-Indicador de alimentação e indicador de saída do interrutor digital Descrição da interface (4 fios) 1) VCC -- tensão 3,3V-5V 2) GND -- GND 3) DO -- interface de saída digital da placa (0 e 1)4) AO -- interface de saída analógica da placa

3.4 Relé

Mecanismo de funcionamento

O Relé é utilizado para cortar o sistema de ignição (bateria) em caso de intrusão. O relé é um dispositivo que permite o controlo do fluxo de corrente através de uma bobina que, se passar corrente através dela, criará um campo magnético atraindo o contacto que passará a corrente para a carga. O módulo de relé escolhido é composto por 2 relés, para podermos controlar mais do que um funcionamento. Cada relé está ligado a um buffer de corrente para que este módulo os possa ligar diretamente a um controlador. Estes relés podem facilmente controlar dispositivos ou aparelhos de alta potência utilizando o Arduino ou microcontroladores, o relé está classificado para 230V - 10Amps e VCC - tensão de alimentação 12V, por isso é apropriado para a bateria do carro que também é de cerca de 12V. Se os sensores detectarem intrusão, o Arduino ordena ao relé que corte a bateria.

Figura 3-8: Relé [1]

Noções básicas sobre relés

Os princípios básicos de todos os relés são os mesmos. Veja um relé de 4 pinos mostrado abaixo. São apresentadas duas cores. A cor verde representa o circuito de controlo e a cor vermelha representa o circuito de carga. Uma pequena bobina de controlo está ligada ao circuito de controlo. Um interrutor está ligado à carga. Este interrutor é controlado pela bobina do circuito de controlo. Vejamos agora os diferentes passos que ocorrem num relé.

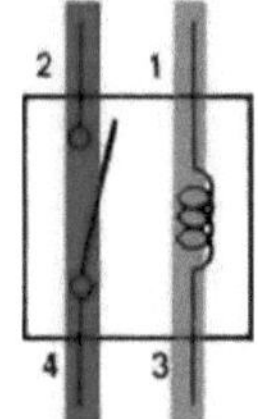

Figura 3-9: Circuito de relé [14]

Relé energizado (ON)

Como mostra o circuito, a corrente que passa pelas bobinas representadas pelos pinos 1 e 3 provoca um campo magnético. Este campo magnético provoca o fecho dos pinos 2 e 4. Assim, o interrutor desempenha um papel importante no funcionamento do relé. Como faz parte do circuito de carga, é usado para controlar um circuito elétrico que está ligado a ele. Assim, quando o relé é energizado, o fluxo de corrente passa pelos pinos 2 e 4

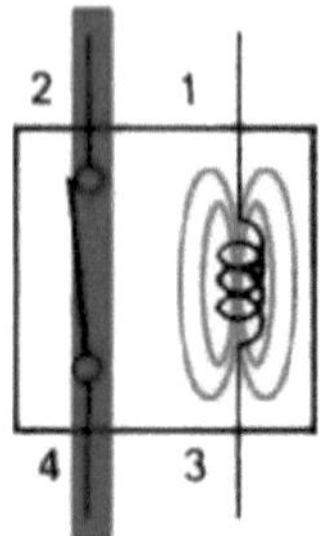

Figura 3-10: Relé ligado [14]

De - Relé energizado (OFF)

Assim que o fluxo de corrente pára através dos pinos 1 e 3, o interrutor abre e, portanto, o circuito aberto impede o fluxo de corrente através dos pinos 2 e 4. Assim, o relé fica desenergizado e, portanto, na posição de desligado.

Em termos simples, quando é aplicada uma tensão ao pino 1, o eletroíman é ativado, provocando a formação de um campo magnético que fecha os pinos 2 e 4, formando um circuito fechado. Quando não há tensão no pino 1, não há força electromagnética e, portanto, não há campo magnético. Assim, os interruptores permanecem abertos.

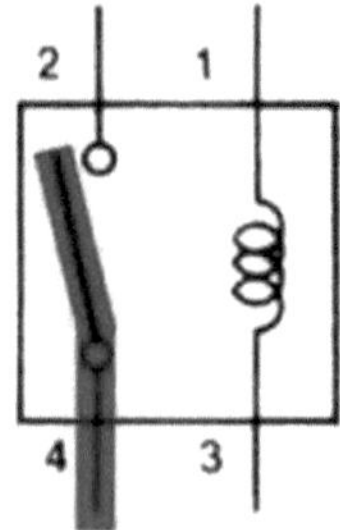

Figura 3-11: Relé desligado [14]

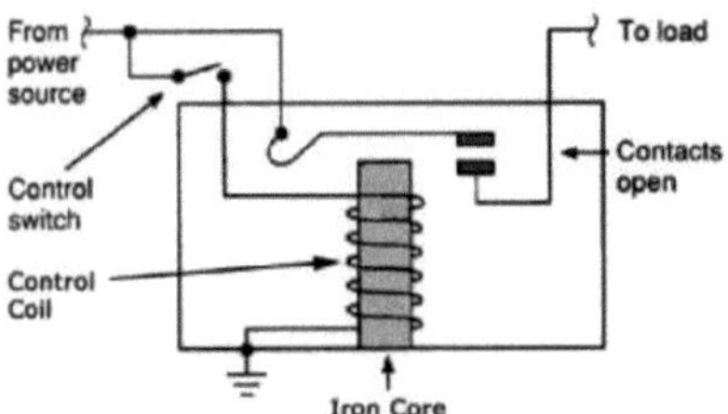

Figura 3-12: Circuito de relé [14]

Especificações

Classificação: 10A(250VAC ou30VDC)

Tensão de entrada (controlo): 12 VDC

Ligações

As ligações ao lado do seu Arduino (ou microcontrolador):

-VCC - tensão de alimentação. 12V.

-IN1 - definido por HIGH para colocar o relé no seu estado "padrão", definido por LOW para mudar o relé para o seu estado alternativo

-IN2 - igual a IN1, mas controla o segundo relé na placa

-GND - terra

As ligações ao lado do dispositivo de alimentação:

-NC : Normalmente fechado

- COM: Comum

- NA: Normalmente aberto

3. 5Botão de pressão

Um interrutor é um componente que controla a abertura ou o fecho de um circuito elétrico. Permitem controlar o fluxo de corrente num circuito (sem ter de entrar no mesmo e cortar ou emendar manualmente os fios). Os interruptores são componentes essenciais em qualquer circuito que exija a interação ou o controlo do utilizador.

Um interrutor só pode existir num de dois estados: aberto ou fechado. No estado **desligado**, um interrutor parece um espaço aberto no circuito. Este, de facto, assemelha-se a um **circuito aberto**, impedindo a passagem de corrente.

No estado **ligado**, um interrutor actua como um pedaço de fio perfeitamente condutor. Um curto-circuito. Isto **fecha o circuito**, ligando o sistema e permitindo que a corrente flua sem impedimentos através do resto do sistema.

Usamos estes pequenos botões em tudo! Estes interruptores miniatura de polo único e de lançamento único têm um bom clique e são adequados para placas de ensaio. Perfeito como interrutor de reset tátil. Estes botões têm uma potência nominal até 50mA.

Figura 3-13: Botão de pressão [1]

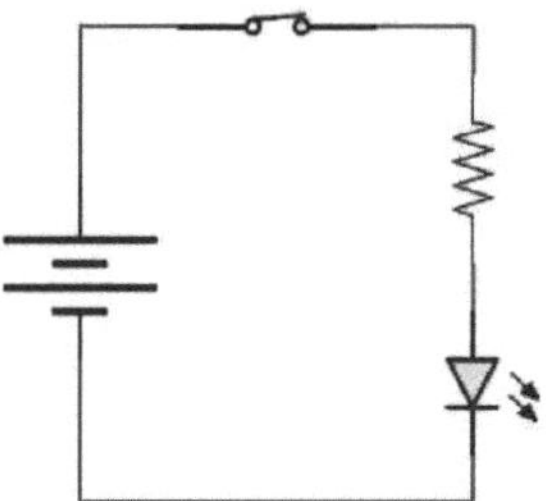

Figura 3-14: Circuito do botão de pressão [15]

3.6GSM/GPRS Shelld

Um modem GSM é um modem sem fios que funciona com uma rede sem fios GSM. Um modem sem fios comporta-se como um modem com ligação telefónica. A principal diferença entre eles é que um modem com ligação telefónica envia e recebe dados através de uma linha telefónica fixa, enquanto um modem sem fios envia e recebe dados através de ondas de rádio.

Um modem GSM pode ser um dispositivo externo ou um PC Card/PCMCIA Card. Normalmente, um modem GSM externo é ligado a um computador através de um cabo de série ou de um cabo USB. Um modem GSM sob a forma de PC Card/PCMCIA Card foi concebido para ser utilizado com um computador portátil. Deve ser inserido numa das ranhuras do PC Card/PCMCIA Card de um computador portátil.
Tal como um telemóvel GSM, um modem GSM necessita de um cartão SIM de um operador sem fios para funcionar.

Tal como mencionado em secções anteriores deste tutorial SMS, os computadores utilizam comandos AT para controlar os modems. Tanto os modems GSM como os modems com ligação telefónica suportam um conjunto comum de comandos AT padrão. Pode utilizar um modem GSM tal como um modem com ligação telefónica.

Para além dos comandos AT normais, os modems GSM suportam um conjunto alargado de comandos AT. Estes comandos AT alargados estão definidos nas normas GSM. Com os comandos AT alargados, é possível fazer coisas como:

- Ler, escrever e apagar mensagens SMS .
- Envio de mensagens SMS.
- Controlo da intensidade do sinal.

- Monitorização do estado de carga e do nível de carga da bateria.
- Leitura, escrita e pesquisa de registos na lista telefónica.

O número de mensagens SMS que podem ser processadas por um modem GSM por minuto é muito baixo - apenas cerca de seis a dez mensagens SMS por minuto.

É o principal componente do sistema. O GSM-GPRS Shield é um módulo sem fios ultra-compacto e fiável. O escudo GSM-GPRS foi preferível à conceção de outros módulos, uma vez que o escudo é colocado na placa Arduino, permitindo a reutilização dos pinos utilizados, o que diminui o tamanho da conceção, tornando-a eficaz em termos de dimensão. Baseia-se no módulo GPRS de 4 frequências SIM900. É a parte de ligação do sistema utilizada para comunicar com o proprietário através de mensagens SMS. O GSM-GPRS Shield é configurado e controlado através da sua UART, utilizando comandos AT simples. O shield permite-lhe fazer isto através de qualquer um dos três métodos: Serviço de Mensagens Curtas, Áudio e GPRS. A fonte de alimentação do RTC é um supercondensador. Pode funcionar mais de 1 dia com a fonte de alimentação do supercondensador. Assim, o SIM900 pode manter a hora e o dia quando desligado. O EFCom não só pode usar o botão para ligar, mas também pode usar o pino digital do Arduino para ligar e reiniciar o módulo SIM900.

Figura 3-15:Escudo GSM [1]

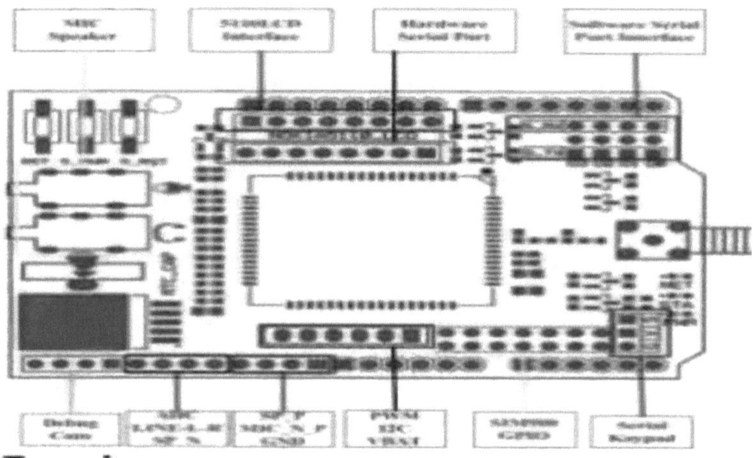

Figura 3-16: Descrição do escudo GSM [16]

Tem caraterísticas correspondentes que são adequadas ao nosso objetivo, tais como

- Quad-Band 850/ 900/ 1800/ 1900 MHz Proporciona ao sistema a capacidade de funcionar em diferentes regiões do mundo.

- GPRS multi-slot classe 10/8

- Estação móvel GPRS classe B

- Compatível com GSM fase 2/2+

- Controlo através de comandos AT (GSM 07.07, 07.05 e comandos AT melhorados EFCOM)

- Kit de ferramentas de aplicação SIM

- Gama de tensão de alimentação :3,1...4,8V

- Baixo consumo de energia: 1,5mA (modo de suspensão)

- Temperatura de funcionamento: -40° C a +85 C°

- Dimensão: 68,33x53,09mm (a mesma dimensão da placa principal do Arduino) para não ocupar muito espaço, tornando o protótipo eficiente.

3.7 Módulo GPS

O GPS é utilizado para localizar a posição do veículo armado.

O módulo GPS Ublox NEO-6m usado faz um bom GPS. O motor de GPS Ublox NEO-6M nesta placa é bastante bom, com saída binária de alta precisão. Tem também uma sensibilidade elevada para aplicações em interiores. O módulo GPS tem uma bateria para backup de energia e EEprom para armazenar as definições de configuração.

A antena é ligada ao módulo através de um cabo ufl que permite flexibilidade na montagem do GPS, de modo a que a antena veja sempre o céu para um melhor desempenho. Isto torna-o potente para utilização em automóveis e outras aplicações móveis.

Tem um tempo de arranque a frio de 38 s e um tempo de arranque a quente de 1 s. Necessita de uma tensão de alimentação: 3,3 V t. Super Sense ® Indoor GPS: sensibilidade de seguimento de -162 dBm com uma taxa de atualização de posição de 5Hz. Tem uma gama de temperaturas de funcionamento: -40 a 85o. Possui bateria recarregável para Backup. Antena GPS separada de 18X18 mm. É um módulo muito leve e pequeno com dimensão igual a 22X30X13 mm e peso de 12g. O centro de controlo obtém o endereço do automóvel através da leitura dos dados do sistema GPS, depois de obter a informação de inclinação. Uma vez que o localizador GPS está à deriva, o módulo GPS pode ser iniciado e enviar o endereço para o proprietário por SMS. Se a posição do veículo mudar, o Arduino envia um SMS de alerta para o proprietário via GSM.

Figura 3-17: GPS [1]

Arquitetura

Os módulos LCC u-blox 6 consistem em duas partes funcionais - as secções de RF e de banda base. O Front-End de RF inclui os elementos de correspondência de entrada, o filtro passa-banda SAW, o u-blox 6 RF-IC (com LNA integrado) e a fonte de frequência. A secção de banda base contém o processador de banda base do u-blox 6, o cristal RTC e elementos adicionais, como a memória FLASH opcional, para maior programabilidade e flexibilidade

Modo de operação s Os módulos u-blox 6 com FW 7.0x ou ROM6.02 possuem dois modos de operação contínua (Maximum Performance e Eco) e um modo de operação intermitente (Power Save mode). O modo de desempenho máximo utiliza livremente o motor de aquisição, resultando no melhor TTFF possível, enquanto o modo Eco optimiza a utilização do motor de aquisição para proporcionar um menor consumo de corrente. Em sinais médios a fortes, quase não há diferença no desempenho de aquisição e rastreamento nesses modos.

Modo de desempenho máximo

No modo de desempenho máximo, os receptores u-blox 6 utilizam o motor de aquisição com desempenho máximo para procurar todos os satélites possíveis até que o Almanaque seja completamente descarregado. Como consequência, o nível de consumo de corrente de rastreamento será alcançado quando:

-Uma posição GPS válida é fixada

-O almanaque é totalmente descarregado

-As efemérides para todos os satélites em vista são válidas

Modo Eco

No modo Eco, os receptores u-blox 6 utilizam o motor de aquisição para procurar novos satélites apenas quando necessário para a navegação: - Nos arranques a frio, o u-blox 6 procura satélites suficientes para navegar e optimiza a utilização do motor de aquisição para descarregar as suas efemérides. - Em arranques não frios, o u-blox 6 concentra-se na procura de satélites visíveis cujas órbitas são conhecidas a partir do Almanaque. No modo Eco, o motor de aquisição do u-blox 6 limita o uso de seus recursos de busca para minimizar o consumo de energia. Como conseqüência, o tempo para encontrar alguns satélites no nível de sinal mais fraco pode ser ligeiramente aumentado em comparação com o modo

Modo de desempenho máximo. O U-blox 6 desactiva o motor de aquisição assim que uma posição é fixada e um número suficiente (pelo menos 4) de satélites está a ser rastreado. O motor de rastreamento continua a procurar e rastrear novos satélites sem informações sobre a órbita.

Modo de poupança de energia

Os receptores u-blox 6 incluem um modo de poupança de energia. O seu funcionamento é designado por rastreio cíclico e permite reduzir significativamente o consumo médio de energia. O modo de economia de energia pode ser configurado para diferentes períodos de atualização. A u-blox recomenda um período de atualização de Is para obter o melhor desempenho do GPS. Para mais informações, consulte a Descrição do Recetor u-blox 6, incluindo a Especificação do Protocolo [4] As funcionalidades Dead Reckoning, PPP e Precision Timing não devem ser utilizadas em conjunto com o Modo de Economia de Energia. O Modo de poupança de energia não é suportado no modo GLONASS.

Caraterísticas

- Hora de arranque a frio de 38s e hora de arranque a quente de 12s

- Tensão de alimentação: 3,3 V t
- Configurável de 4800 Baud a 115200 Baud. (predefinição 9600)
- GPS SuperSense ® Indoor: sensibilidade de rastreio de -162 dBm
- Taxa de atualização da posição de 5Hz
- Gama de temperaturas de funcionamento: -40 A 85 C°
- Tomada UART TTL
- EEprom para guardar as definições de configuração
- Bateria recarregável de reserva
- Antena GPS 18X18mm separada
- **Dimensão:** 22X30X13mm
- **Peso:** 12g

3.8IR remoto

-Os comandos por infravermelhos continuam a ser a forma mais barata de controlar um dispositivo sem fios. Escolhemos este telecomando porque é pequeno, muito simples e de baixo custo.

-O telecomando controla o ligar e desligar e dá algumas ordens ao sistema.

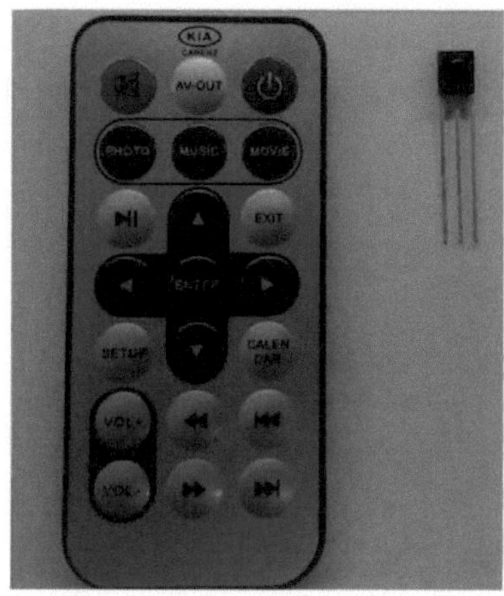

Figura 3-18: Controlo remoto por infravermelhos [1]

Recetor IR (TSOP17XX)

O TSOP17XX recebe as ondas de infravermelhos moduladas e altera a sua saída. O TSOP está disponível em muitas gamas de frequência como o TSOP1730, TSOP1738, TSOP1740, etc. Os dois últimos dígitos representam a frequência (em KHz) dos raios infravermelhos modulados, aos quais o TSOP responde. Por exemplo, o TSOP1738 reage quando recebe a radiação IR modulada a 38Khz. Significa que detecta o IR que está a ligar e a desligar à taxa de 38Khz. A saída do TSOP é ativa baixa, o que significa que a sua saída permanece ALTA quando não há IR, e torna-se baixa quando detecta a radiação IR. O TSOP funciona numa frequência específica para que outros IRs no ambiente não possam interferir, exceto o IR modulado de uma frequência específica. Tem três pinos, terra, Vs. (alimentação) e pino de saída.

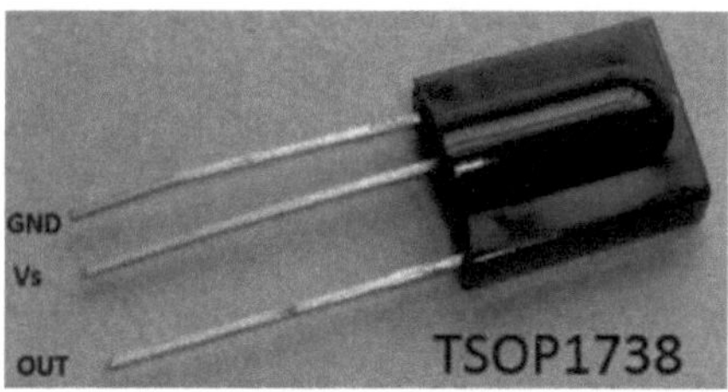

Figura 3-19: IR Rx [1]

LED IR

O LED IR emite luz infravermelha, o que significa que emite luz na gama de frequência infravermelha. Não podemos ver a luz infravermelha através dos nossos olhos, ela é invisível aos olhos humanos. O comprimento de onda dos infravermelhos (700nm - 1mm) está imediatamente para além da luz visível normal. Tudo o que produz calor emite infravermelhos, como o nosso corpo humano. Os infravermelhos têm as mesmas propriedades que a luz visível, podendo ser focados, reflectidos e polarizados como a luz visível.

Para além de emitir luz infravermelha invisível, o LED IR tem o aspeto de um LED normal e também funciona como um LED normal, o que significa que consome 20mA de corrente e 3vots de potência. Os LED IR têm um ângulo de emissão de luz de cerca de 20-60 graus e um alcance de cerca de alguns centímetros a vários metros, dependendo do tipo de transmissor IR e do fabricante. Alguns transmissores têm o alcance em quilómetros

Transmissor

- Uma saída astável está a uma frequência mais baixa e a outra a uma frequência mais alta.

- O multivibrador de frequência mais baixa controla a frequência do outro.

- A partir do princípio básico de funcionamento do multivibrador astável, as resistências R3, R4 e o condensador C4 determinam a frequência, pelo que a frequência pode ser alterada variando R3. Isto pode ser feito simplesmente ligando um transístor NPN (BC 107) em paralelo com R3 com uma resistência em série R5 para limitar a corrente.

- A saída do 555 está ligada à base do transístor através de uma resistência limitadora de corrente R7. Quando a saída do primeiro astável é alta, o transístor BC107 fica ligado, o que, por sua vez, torna R5 paralelo a R3. Então, a resistência total efectiva fica abaixo da resistência de valor inferior do resistor, o que reduz o tempo do astável 555. Assim, a frequência aumenta.

- O processo inverso ocorre quando a primeira saída do 555 é baixa (OFF).

- A saída do segundo 555 é ligada a um Led IR através de um limitador de corrente resistor R6. O LED brilha de acordo com a frequência de saída que é então detectada pelo TSOP.

Capítulo 4

4 Teoria de funcionamento

Neste capítulo, vamos discutir a teoria de funcionamento do projeto. O nosso projeto irá garantir a segurança e a proteção - incluindo o sistema de localização - do veículo. O sistema será composto pelo Arduino, que pode ser descrito como o cérebro do sistema, e por alguns módulos de segurança e outros de proteção. O Arduino controlará a comunicação entre os módulos para garantir a segurança do veículo. Além disso, teremos os componentes de segurança, como o sensor de infravermelhos, o botão de pressão, o GPS e o cartão de memória, e o componente de segurança, como o sensor de chama. O relé desliga a bateria do sistema de modo a protegê-lo contra o atacante. Além disso, o GPRS/GSM será responsável pela parte da interface com o utilizador, a fim de armar/desarmar o sistema. No fluxograma seguinte, vamos mostrar brevemente a ideia do projeto e como os módulos se ligam uns aos outros. Primeiro, ligamos o Arduino ao sensor IR, ao sensor de chama, ao GPS e ao botão de pressão. Estes sensores e módulos servirão de firewall para o veículo contra os atacantes. Assim, se o carro estiver armado e alguém tentar invadir o veículo, teremos um dos seguintes casos.

Primeiro, se o IR estiver baixo, o GPRS/GSM enviará uma mensagem ao utilizador, caso contrário não fará nada. Segundo, se o botão de pressão estiver baixo, o GPRS/GSM enviará uma mensagem ao utilizador, caso contrário não fará nada. Terceiro, se o sensor de chama estiver baixo, o GPRS/GSM enviará uma mensagem ao utilizador, caso contrário não fará nada. Em quarto lugar, se o GPS detetar uma alteração na localização do veículo, o GPRS/GSM enviará uma mensagem ao utilizador, caso contrário não fará nada.

Podemos dizer que o Arduino é o componente básico para controlar o sistema e para conectar os módulos entre si. O Arduino será o responsável por dar ao GPRS/GSM o comando para enviar a mensagem para o proprietário do veículo quando o sistema estiver armado e alguém tentar invadir o veículo e nas próximas secções discutiremos como os módulos enviam a mensagem através do GPRS/GSM com a ajuda do Arduino.

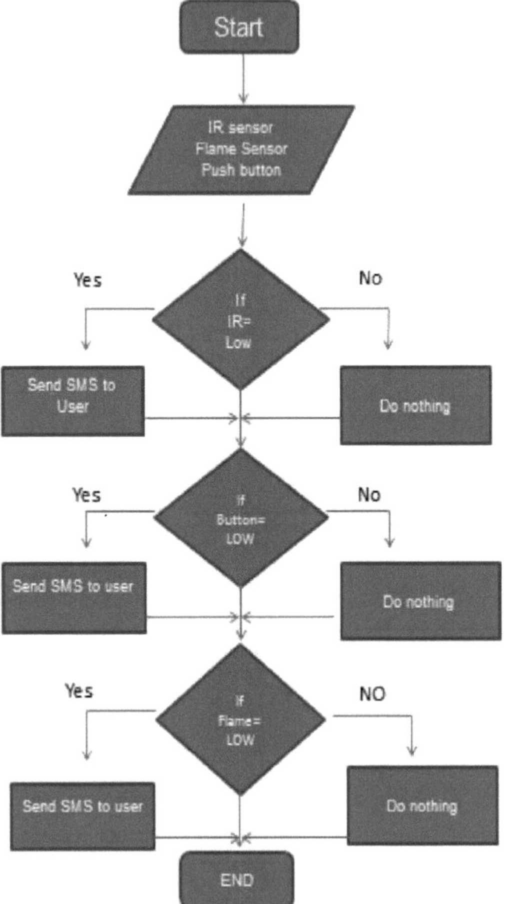

Figura 4-1 Fluxograma da sequência de funcionamento

Depois de termos explicado brevemente a teoria de funcionamento, vamos agora falar de cada componente separadamente e das suas ligações com os outros componentes e da forma como interagem entre si para poderem enviar a mensagem ao utilizador através do GPRS/GSM utilizando o Arduino.

4.1 Caso de entrada no automóvel

Nesta secção vamos falar sobre a interação do sensor de infravermelhos com o Arduino e o GPRS/GSM. A figura seguinte mostra que, se alguém que não está autorizado a abrir o veículo o invadir, o sensor de infravermelhos detectará que o seu raio foi cortado. Portanto, o sensor IR emitirá um sinal para o Arduino.

Assim, o Arduino receberá o sinal do sensor IR e dará um comando ao GPRS/GSM para enviar uma mensagem ao proprietário do veículo para o informar que alguém já abriu o carro enquanto o sistema está armado. Assim, o proprietário pode atuar de acordo com a informação que recebeu e comunicar o caso à polícia.

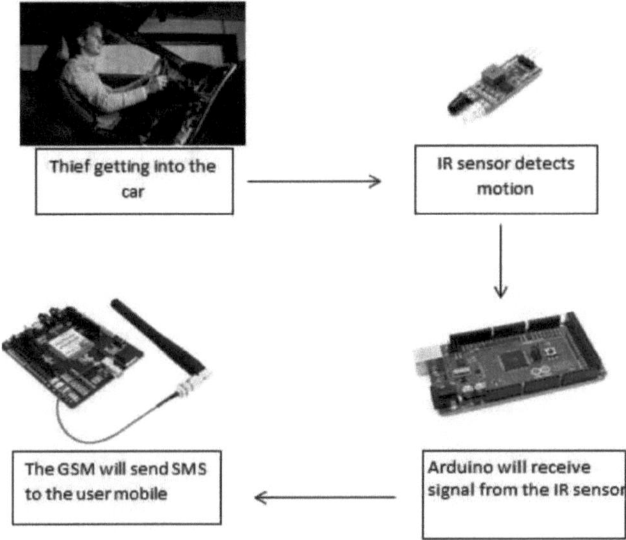

Figura 4-2 Entrada da viatura

4.2 Caso de desbloqueio do automóvel

Nesta secção vamos discutir a interação do botão de pressão com o Arduino e o GPRS/GSM. A figura seguinte mostra que, se alguém que não está autorizado a abrir o veículo o invadir, o botão de pressão estender-se-á. Portanto, o botão de pressão emitirá um sinal para o Arduino. Assim, o Arduino receberá o sinal do botão de pressão e dará um comando ao GPRS/GSM para enviar uma mensagem ao proprietário do veículo para o informar que alguém já abriu o carro enquanto o sistema está armado. Assim, o proprietário pode atuar de acordo com a informação que recebeu e comunicar o caso à polícia.

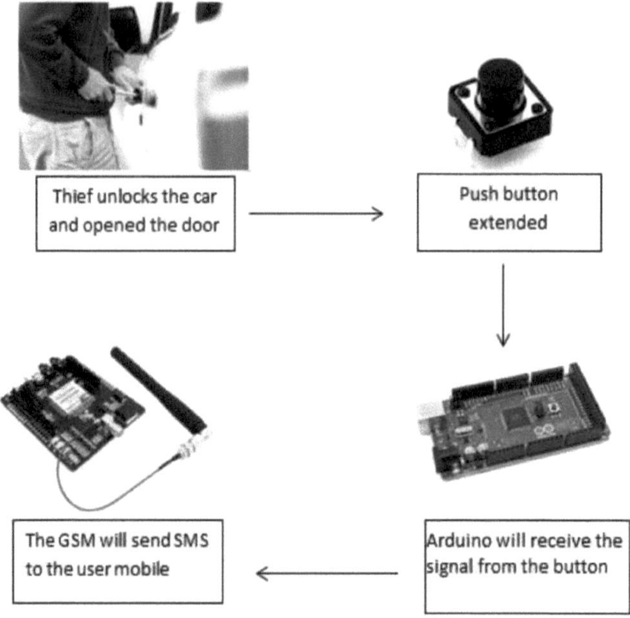

Figura 4-3 Caso de desbloqueio

4.3Caso de deteção de chama

Nesta secção, vamos falar sobre a interação do sensor de infravermelhos com o Arduino e o GPRS/GSM. A figura seguinte mostra que, se algo começar a arder no interior ou perto do veículo e as chamas estiverem a subir, o sensor de chamas detecta as chamas e emite um sinal para o Arduino. Assim, o Arduino recebe o sinal do sensor de chamas e dá um comando ao GPRS/GSM para enviar uma mensagem ao proprietário do veículo, informando-o de que o seu carro está a arder. Assim, o proprietário pode atuar de acordo com a informação que recebeu e comunicar o seu caso à polícia.

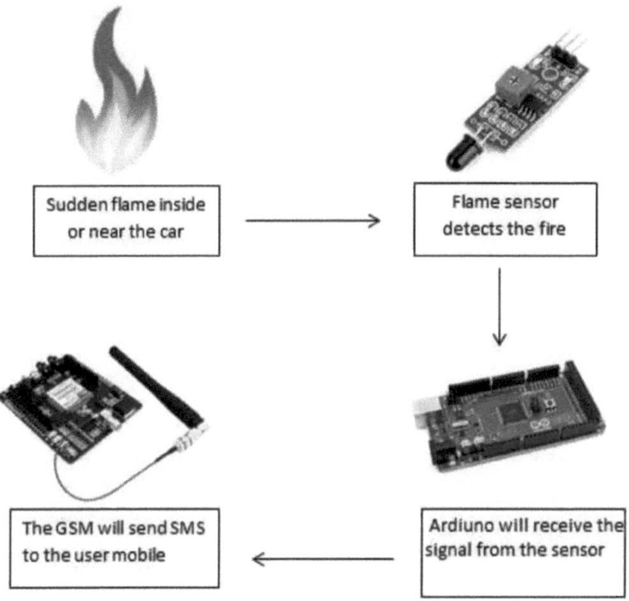

Figura 4-4 Caso de deteção de chama

4.4Caso de mudança de local

Nesta secção, vamos discutir a interação do GPS com o GPRS/GSM e o Arduino. O GPS será visto por, pelo menos, três satélites, de modo a localizar a sua posição com exatidão. A figura seguinte mostra que, se o sistema estiver armado e alguém tiver deslocado o veículo da sua localização original, a nova localização será enviada através do GPRS/GSM utilizando o Arduino. A mensagem informará o proprietário do veículo com a rota que o carro está a tomar. Também vamos guardar as localizações anteriores numa unidade de base, como um cartão de memória, como cópia de segurança em caso de falha da rede.

Figura 4-5 Caso de deteção de movimentos

4. 5Caixas de mensagens de texto e saída de relé

A tabela seguinte explica os casos do sistema, a mensagem correspondente que será entregue ao utilizador e o estado do relé em cada caso. Assim, se o botão de pressão estiver baixo, o relé ligará a bateria e o GPRS/GSM enviará uma mensagem de alerta com "Porta aberta". No caso do sensor IR e do sensor de chama, teremos resultados semelhantes para o relé, mas com uma mensagem de texto diferente para o utilizador. No último caso, quando o botão de pressão e o sensor de IV estiverem baixos, o relé desliga a bateria e envia uma mensagem com "Porta aberta" e "Objeto detectado".

Quadro 4-1: Casos de sistema

Push button	IR sensor	Flame sensor	Relay	GSM alerting message
√	–	–	Battery connected	"Door open"
–	√	–	Battery connected	"Object detected"
–	–	√	Battery connected	"Flame detected"
√	√	–	Battery disconnected	"Object detected" "Door open"

*Enquanto o sistema estiver armado, qualquer alteração na localização será actualizada através de uma mensagem para o proprietário do veículo.

Podemos resumir a teoria de funcionamento dizendo que temos dois casos, o primeiro é quando o veículo está estacionado e o sistema está armado. A ativação do sistema pode ser feita de duas formas diferentes:

1) Utilizando o controlo remoto por infravermelhos, este é utilizado para pequenas distâncias, quando o utilizador está perto do veículo. Se o utilizador premir o botão 1, o sistema liga-se e se premir o botão 2, o sistema é desarmado.

2) Utilizando o GPRS/GSM ao receber uma mensagem com um carácter específico. Se o utilizador enviar o carácter "a", o sistema será armado e se enviar "d", o sistema será desarmado.

Quando o sistema estiver armado, todos os sensores e módulos estarão prontos para detetar qualquer alteração no seu estado e enviar o novo estado ao utilizador através de uma mensagem correspondente.

Capítulo 5

5 Simulação

O primeiro passo do nosso projeto foi fazer a interface entre os sensores sugeridos e o Arduino, para testar o conceito da cablagem e da codificação. Nesta fase, usámos o PROTEUS ISIS [23] como ferramenta de simulação.

5. 1Sensor de infravermelhos

- O sensor de infravermelhos é utilizado para detetar qualquer intrusão ou movimento no interior do automóvel.

- Os infravermelhos são normalmente ALTOS, o que significa que quando não há nada para detetar, a saída é ALTA.

Caso (1): nenhuma intrusão ou movimento no interior do veículo.

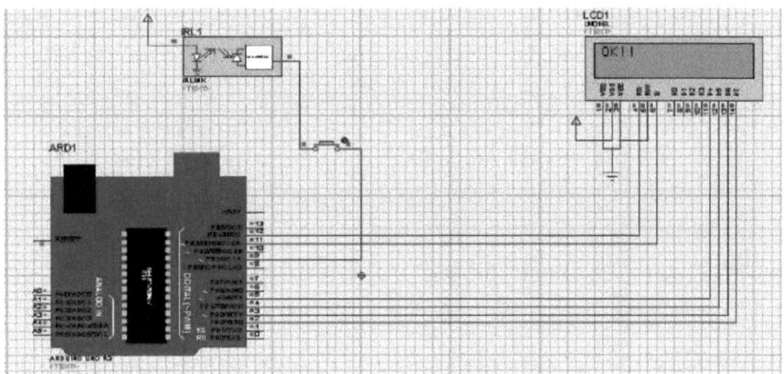

Figura 5-1IR caso 1

O botão de pressão é premido para que o Arduino receba ALTO

Caso (2): há intrusão ou movimento no interior do veículo.

O botão de pressão é libertado para que o Arduino receba o valor baixo

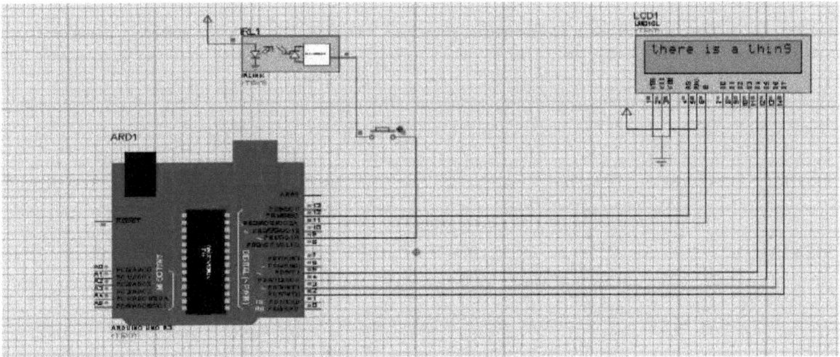

Figura 5-2 Caso IR 2

Procedimentos de código

```
If (IR = = 1) {
        Print ("no object detected");
    }
    If (IR = = 0) {
        GSMsend ("object detected inside the car");
        SET Relay off;
     }
    END If;
```

5.2 Sensor de chama

- O sensor de chama é utilizado para detetar incêndios no interior do veículo.

- O sensor de chama é normalmente LOW, o que significa que quando não há nada para detetar, a saída é BAIXA.

Caso (1): sem chama

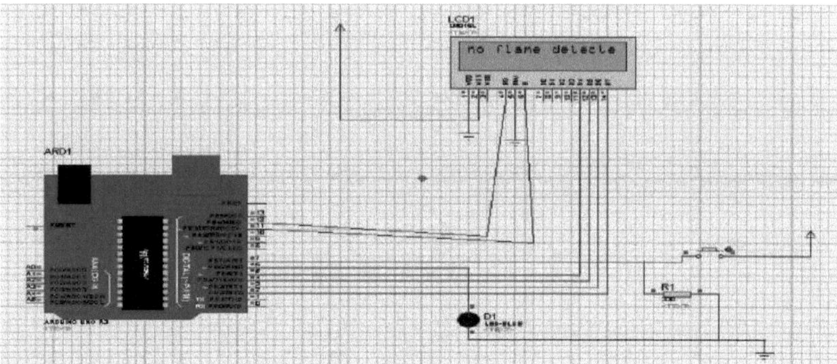

Figura 5-3 Cavalete de chama

- o interrutor está desligado, pelo que o Arduino recebe o valor baixo.

Caso (2): existe chama

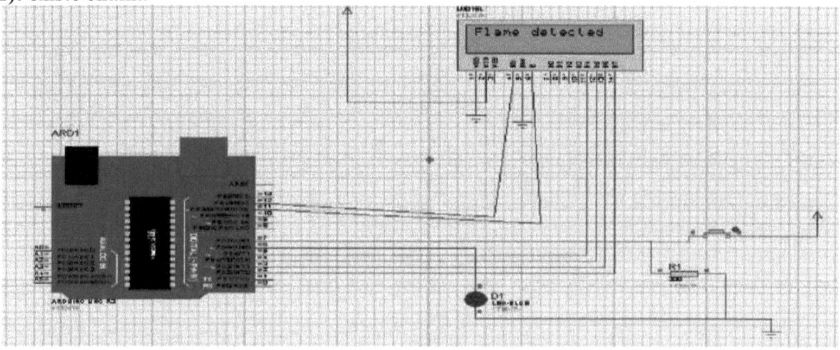

Figura 5-4 Caso de chama 2

- o interrutor está ligado para que o Arduino receba High.

Procedimentos de código

```
If (Flame= = 1) {

        Print (" no flame detected");

    }

    If (Flame = = 0) {

        GSMsend ("Flame detected");

    }

End if;
```

5.3 Relé e botão de pressão

- O relé é utilizado para cortar o sistema de ignição (bateria) em caso de intrusão.
- Se os sensores detectarem uma intrusão, o Arduino ordena ao relé que corte a bateria.

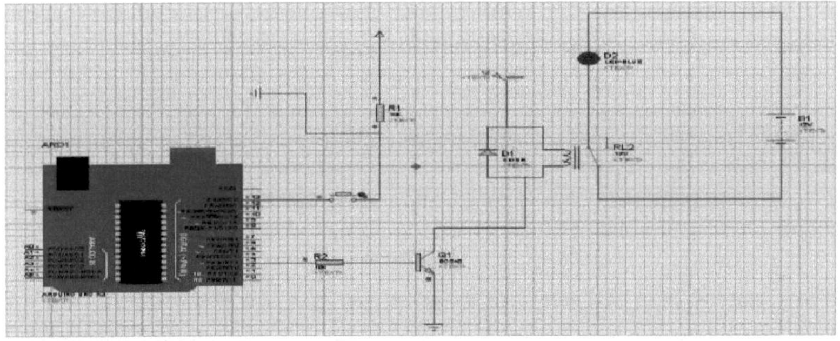

Figura 5-5 Caixa da porta 1

Caso (2): há intrusão

- O circuito é cortado.

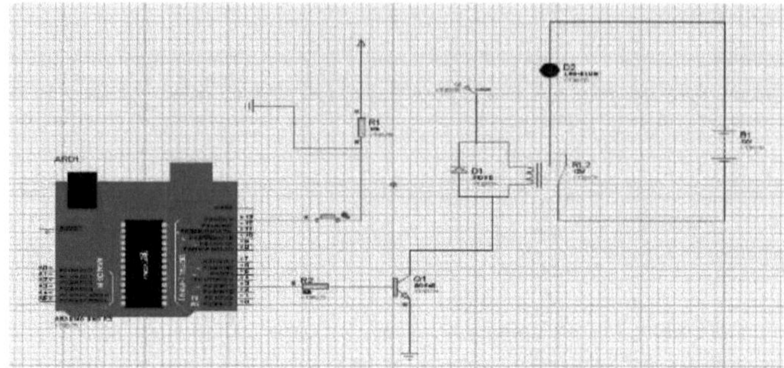

Figura 5-6 Caixa da porta 2

Procedimentos de código

```
If (Pb= = 1) {
            Print ("Door closed");
    }
    If (Pb = = 0) {
            GSMsend ("Door opened");
              SET Relay off;
    }
End if;
```

Capítulo 6

6 Implementação do sistema e resultados obtidos

Depois de terminar o processo de simulação e de nos certificarmos de que o nosso conceito de pensamento estava correto, quisemos implementar o hardware real e integrar os sistemas para obter um dispositivo de sistema incorporado totalmente funcional. Os sistemas Arduino vêm com o seu próprio software, onde o código de interface para cada dispositivo pode ser simulado e gravado eletricamente no Arduino através da tomada USB.

6.1Preparar o Arduino

Figura 6-1 Placa Arduino mega com conetor USB

Para carregar esboços para a placa, ligue-a ao seu computador com um cabo USB.

Figura 6-2 Placa Arduino mega ligada através de um cabo USB

- Descarregar o software Arduino IDE (ambiente de desenvolvimento integrado) através do qual os esboços ou códigos serão criados e carregados no Arduino Mega, o que precisamos é de um esboço Arduino a correr dentro do ATmega2560 para que o Arduino execute as acções necessárias.

- Ajustar o IDE para funcionar no Arduino mega como em fig.6-3

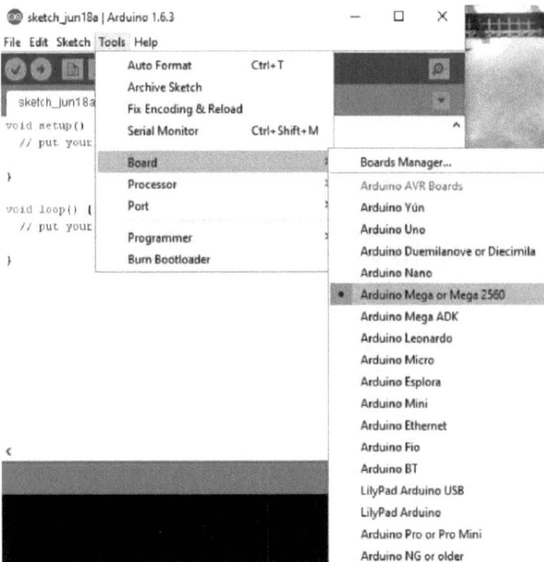

Figura 6-3 Ajuste do Arduino IDE Mega

6.2 Escudo GPRS/GSM

Figura 6-4 Proteção GSM/GPRS [22]

- Este shield usa um Quad-Band 850/900/1800/1900 MHz É possível comunicar com a placa usando comandos AT. A biblioteca GSM possui um grande número de métodos de comunicação com o shield.

- O GPRS Shield é configurado e controlado através da sua UART utilizando comandos AT simples. Pode utilizar o bloco de 2 jumpers para ligar o poste URAT do SIM900 a qualquer

- Pinos dentro de D0-D3 (para porta serial de Hardware/Software).

Figura 6-5 Bloco de ligação em ponte da porta série do software [22]

Requisitos de energia:

o Recomenda-se que a placa seja alimentada com uma fonte de alimentação externa que deve ser capaz de fornecer corrente suficiente até 2A. A alimentação de um Arduino e do escudo GSM a partir de uma ligação USB não pode funcionar, uma vez que a maioria das portas USB dos PCs não consegue fornecer corrente suficiente.

o Prima e mantenha premido o botão de alimentação durante um curto período de tempo (mais de 3 segundos) no GPRS Shield para o ligar. Aguarde meio minuto para que o Escudo GPRS se ligue à rede (o Led Net começará a piscar a cada 3 segundos ou mais).

- Indicadores LED:

o POWER: mostra que o escudo recebe energia.

o STATUS: liga-se quando o modem está ligado e os dados estão a ser transferidos de/para a rede GSM/GPRS.

o NET: pisca quando o modem está a comunicar com a rede de rádio.

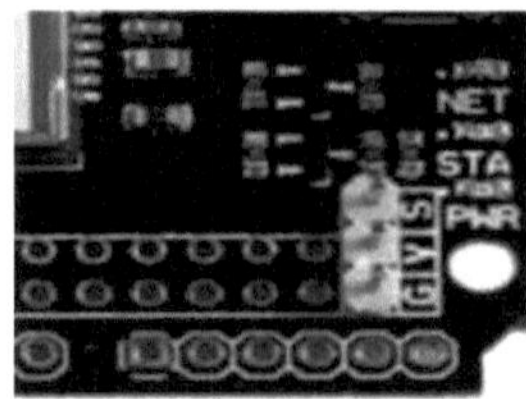

Figura 6-6 Indicadores LED [22]

Procedimento:

Figura 6-7: Suporte do cartão SIM [22]

1-Instale o cartão SIM no seu GPRS Shield.

- Suporte de 6 pinos para cartões SIM.

- Os cartões SIM de 1,8 volts e 3,0 volts são suportados pelo SIM900 - o tipo de tensão do cartão SIM é detectado automaticamente. Dos 6 pinos presentes no suporte do cartão SIM, um não está ligado e os outros 5 são: SIM_VDD, SIM_RST, SIM_CLK, SIM_DATA, GND

2-Conectar o escudo:

Figura 6-8: Escudo GSM no Arduino Mega [22]

- Pegue na placa Arduino e instale o GPRS Shield sobre ela.

- Certifique-se de que os jumpers GPRS_TX e GPRS_RX no escudo GPRS estão montado na posição SW Serial - ou seja, queremos que o GPRS_TX seja ligado ao RX da placa Arduino e o GPRS_RX ao TX da placa Arduino.

- Ligue o Arduino com uma fonte de alimentação externa. Quando o POWER LED se acende, significa que o modem está ligado e pode tentar ligar-se à rede.

- Para carregar esboços para a placa, ligue-a ao seu computador com um cabo USB.

3-Desenvolver e carregar o esboço ou código pretendido:

- Usando o IDE, criámos o esboço através do qual o Arduino fará a interface entre o GSM e os restantes componentes [A4] e com o utilizador como dispositivo celular.

- Carregue o esboço para a placa Arduino.

6. 3Sensor de infravermelhos

Figura 6-9: Pinos e ligação do sensor IR

- O sensor de infravermelhos tem 3 pinos:
    - VCC para tensão de entrada
    - Pino GND
    - Pino de saída
- Para fazer a interface deste módulo com o Arduino Mega, o pino de saída foi ligado ao pino digital 28 da placa Arduino
- Em seguida, foi criado um esboço ou um código para fazer a interface entre o sensor IR e o Arduino e os outros módulos [A2].
- O Sketch foi concebido de forma a detetar se o pino de saída do sensor IR (normalmente HIGH) dá HIGH ou LOW, se HIGH então nada é detectado, se LOW então algo foi detectado dentro do veículo. Também ordena ao GSM, através do Arduino, que envie uma mensagem de alerta ao utilizador para o informar de que foi detectado um objeto

6. 4Sensor de chama

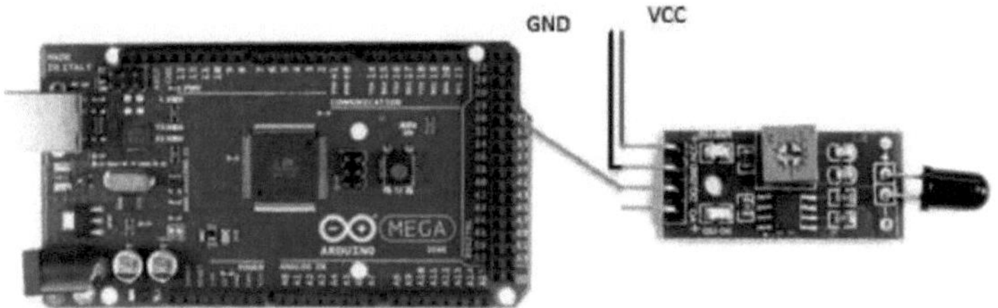

Figura 6-10: Ligação e pinagem do sensor de chama

- O sensor de chama tem 4 pinos:
  - VCC para tensão de entrada de 3,3V-5V
  - Pino GND
  - Pino de saída digital
  - Pino de saída analógica
- Para fazer a interface deste sensor com o Arduino Mega, o pino de saída digital foi ligado ao pino digital 29 da placa Arduino.
- De seguida, é também criado um sketch onde é implementado um código [A4] para fazer a interface entre o módulo e o Arduino e os outros módulos utilizados.
- O código detecta se existe ou não chama dependendo da saída do sensor de chama (normalmente HIGH), HIGH é para o caso normal e LOW para o caso de deflagração de incêndio. O código também faz a interface deste módulo com o GSM, em caso de deflagração de incêndio, envia uma mensagem de alerta ao utilizador.

6. 5Relé

Figura 6-11: Ligação e pinagem do relé

- O relé tem 4 pinos:

o VCC - tensão de alimentação 5V.

o INI - controla o primeiro relé.

o IN2 - Controla o segundo relé na placa

o GND - terra

- O pino de interface com o Arduino é INI ou IN2, que estão ligados ao pino digital 31 no Arduino Mega

- Mais uma vez é criado um sketch no Arduino IDE [A3] cuja função é colocar em HIGH para colocar o relé no seu estado "default", colocar em LOW para mudar o relé para o seu estado alternativo quando ocorre uma situação estranha que corta o circuito de ignição.

6. 6Controlo remoto

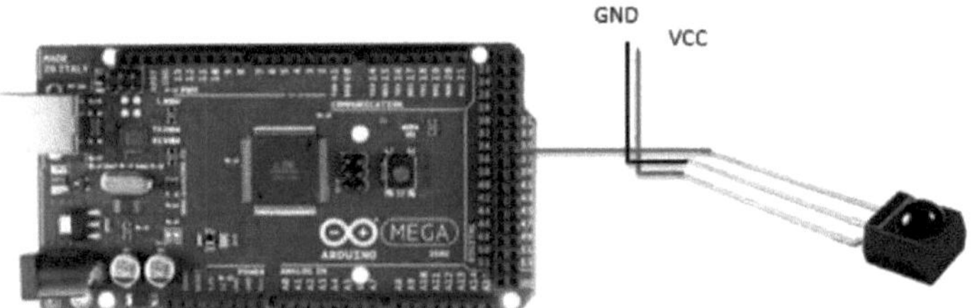

Figura 6-12: Ligação do recetor IR

- O recetor de infravermelhos tem 3 pinos:

o Pinl - saída

o Pino2 - GND

o Pino3 - VCC

- O pino de saída do recetor do controlo remoto está ligado ao pino digital 35 da placa Arduino.

- O seu esboço [A6] funciona de forma a que cada carácter recebido do controlo remoto seja processado pelo Arduino Mega para dar uma determinada função e permitir ao utilizador controlar o sistema através do controlo remoto.

6. 7GPS

Figura 6-13 Ligação GPS

- O módulo GPS tem 4 pinos:

o VCC - Tensão de alimentação

o RX - Pino de receção

o TX - Pino de transmissão

o GND

- O pino RX é ligado a um dos pinos TX1 da placa Arduino e o pino TX é ligado ao pino RX1 do Arduino Mega.

- O código que faz a interface entre o GPS e o sistema [A5] funciona de forma a medir frequentemente a altitude e a latitude do veículo, comparando depois estas posições, e se a posição se alterar envia uma mensagem de alerta através do GSM para o utilizador com a posição actualizada do veículo.

6.8 Módulo de cartão SD

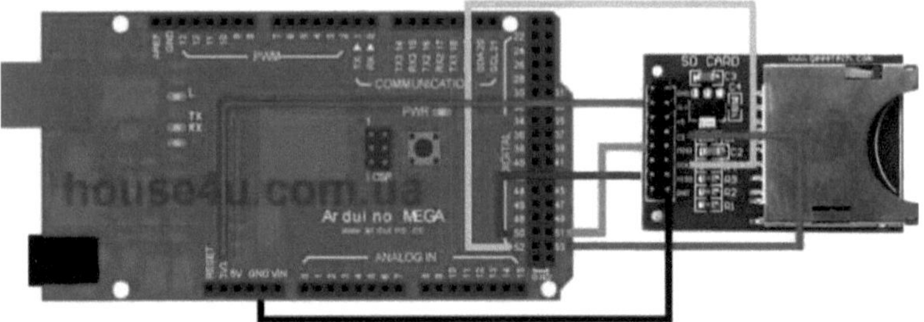

Figura 6-14 Ligação do módulo do cartão SD

- O módulo de cartão SD tem 6 pinos:
  - CS - Seleção de chip
  - SCK-Relógio serial
  - MISO - Saída de dados em série
  - MOSI - Entrada de dados de série
  - VCC - Alimentação de tensão (3,3/ 5V)
- O pino CS está ligado ao pino digital 53, o pino SCK está ligado ao pino digital 52, o pino MISO está ligado a D50, o pino MOSI a D51.
- O código que faz a interface desta parte com o sistema é utilizado para criar um ficheiro de texto que inclui a localização atual do veículo a partir do GPS e, em caso de ausência de sinal para o GSM, armazena a última localização detectada e envia-a ao utilizador quando a rede estiver disponível.

6.9 Resultados

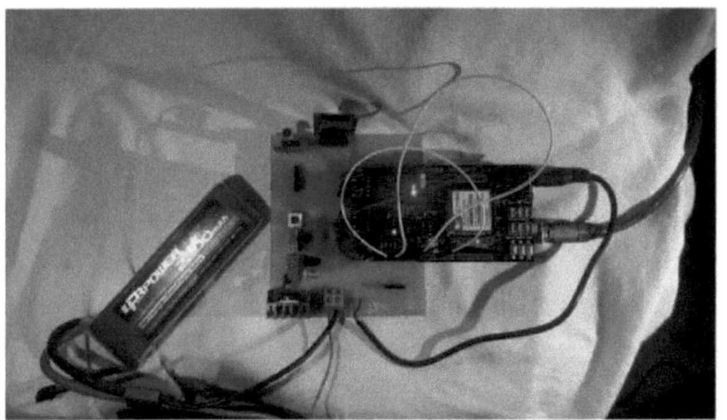

Figura 6-16 Mensagem GSM para porta aberta

Figura 6-17 Mensagem GSM para objectos

Figura 6-18 Mensagem GSM para a chama

Capítulo 7

7 Conclusão

O sistema obtido é a integração de diferentes módulos para criar um sistema de segurança antirroubo funcional que cobre todos os aspectos das acções de roubo e protege o veículo contra tais acções, informando os proprietários. O sistema tem diferentes passos ou camadas de proteção; o primeiro passo é detetar a intrusão ilegal no carro enquanto este está armado. O segundo passo é detetar se alguém está ilegalmente dentro do carro através de um sensor IR. Quando qualquer um destes sensores detecta um comportamento anormal, envia um sinal para um Arduino Mega que, por sua vez, ordena ao GSM que envie uma mensagem de alerta ao proprietário e corta também o circuito de ignição. O sistema também protege o carro de riscos ambientais, como o fogo, pois está equipado com um sensor de chama para detetar qualquer fuga de fogo no interior do veículo e, na mesma sequência, envia um sinal elétrico para o microcontrolador que ordena ao GSM que envie uma mensagem de alerta ao proprietário.

Os componentes do sistema foram criados após duas etapas: a primeira foi a pesquisa de mercado para ver o que dispositivos semelhantes têm para oferecer e para determinar o que precisávamos de ter para competir no mercado. A segunda etapa consistiu em comparar diferentes módulos para selecionar o que melhor serve o nosso objetivo, que é um dispositivo de proteção funcional e económico.

Em seguida, é demonstrado um breve estudo do Arduino Mega e dos módulos selecionados para explicar o conceito e os métodos de trabalho destes dispositivos que mostram a sua metodologia de funcionamento.

O capítulo seguinte explica a teoria de funcionamento que seguimos e o nosso conceito de como o sistema irá funcionar em conjunto, os passos lógicos que serão seguidos para utilizar os módulos selecionados e as suas ligações com os outros componentes e como interagem entre si para poder enviar a mensagem ao utilizador através do GPRS/GSM utilizando o Arduino.

O capítulo seguinte mostra como começámos a utilizar estes conceitos lógicos para os provar, simulando estes módulos em conjunto como software e obtendo os resultados que esperávamos, uma vez que seguiam o mesmo conceito.

O último capítulo explica em pormenor como ligámos fisicamente os módulos ao Arduino Mega e aos outros módulos e os passos dados para os fazer interagir entre si através da cablagem e da codificação para obter as funções pretendidas.

Os resultados do projeto podem ser resumidos nos seguintes pontos:

- Prova de conceito do sistema de segurança automóvel.
- Implementação através de microcontrolador utilizando sistemas Arduino.
- Teste e implementação de diferentes sensores, tais como:
    - o Sensor de infravermelhos (IR).
    - o Sensor de chama.
- Simulação e teste prático do circuito proposto .
- Implementação de software para obter o conceito necessário e, em seguida, chegámos a a prova de conceito do sistema de segurança automóvel.
- Deteção de movimento.
- Fazer alguma falha no funcionamento do próprio motor e controlar o sistema de segurança do automóvel através de SMS.
- Tente fazer uma espécie de camuflagem para o utilizar como objeto escondido em qualquer carro.

Referências

[1] Future Electronics Egypt [Online], Disponível: https:/www.fut-electronics.com

[2] Arduino [Em linha], Disponível: https://www.ardumo.cc

[3] Solarbotics [Online],

Disponível em: http://www.solarbotics.net/library/datasheets/LM393.pdf

[4] Universidade de Leicester[Online],

Disponível em: http://www.le.ac.uk/eg/pdw/beetle/electrics/relav.htm

[5] Associação Mundial de Professores de Tecnologia [Online],

Disponível em: http://www.technologvstudent.com/elecl/varyl.html

[6] Laboratório de Garagem [Online],

Disponível: http://garagelab.com/profiles/blogs/tutorial-arduino-ir-sender-and- recetor

[7] adafruit [Online],

Disponível em: https://leam.adafruit.com/ir-sensor/ir-remote-signals

[8] ElecFreaks [Online],

Disponível:http://www. elecfreaks. com/wiki/index.php7title=Octopus Flame Sen sor

[9] Tutorial da placa micro SD breakout da adafruit [Online],

Disponível:https://cdn-leam.adafruit.com/downloads/pdf/adafruit-micro-sd- breakout-board-card-tutorial.pdf

[10] De)azzer [Online].

Disponível: http://www.deiazzer.com/ee379/lecture notes/lec!2 sd card.pdf

[11] ElectroSchematics [Online],

Disponível em: http://www.electroschematics.com/7963/arduino-mega-2560-pinout/

[12] GE tech [Online],

Disponível: http://www.geeetech.com/wiki/index.php/2-Channel Módulo de relé

[13] max Embedded. [Online],

Disponível em: http://maxembedded.com/2013/Q8/how-to-build-an-ir-sensor/

[14] Circuitos Hoje. [Online],

Disponível em: http://www.circuitstoday.com/working-of-relays

[15] Sparkfun. [Online],

Disponível em: https://leam.sparkfun.com/tutorials/switch-basics

[16] Future Electronics GSM shield Arduino tutorial. [Online],

Disponível:http://www.futelectronics.com/wpcontent/plugins/fe downloads/Uplo ads/GSM- shield-datasheet-Arduino-tutorial.pdf

[17] Ryder. [Online],

Disponível: http√www. rvderHeetproducts.com/loiack-main

[18] TECH Insider. [Online],

Disponível em:http://www.techinsider.io/hackers-device-can-take-over-gm-cars- com-uma-estrela-da-haste-2015-7

[19] OnStarNews. [Online],

Disponível em: http://media.gm.com/onstar.html

[20] MANTECH [Em linha],

Disponível em: http://www,mantech,co,za/datasheets/products/A000047,pdf

[21] Aprender sobre eletrónica [em linha],

Disponível:http://www,learningaboutelectronics,com/Articles/LM393-voltage- comparador-circuito,php

[22] ElecFreaks [Online],

Disponível:http://www,elecfreaks,com/wiki/index,php?title=EFCom Escudo GPRS/GSM

[23] Electrical Engineering [Online],

Disponível em: http://electronics,stackexchange,com/tags/proteus/info

Apêndice Al

Sensor de chama

```
#include <LiquidCrystal.h>
int flame=29;
int Led = 6;


void setup(){
  Serial.begin(9600); // Communication speec
  pinMode(Led, OUTPUT);
  pinMode(flame, INPUT);

}

void loop(){

int  Output = digitalRead(flame);
  Serial.println(Output);
  if (Output== HIGH)  {
  digitalWrite(Led, HIGH);
          lcd.begin(16,2);


  lcd.setCursor(0, 0); // set LCD cursor position (column, row)
    Serial.println("no flame detected");
    lcd.print("No Flame detected");
  }
  else{
  digitalWrite(Led, LOW);
          lcd.begin(16,2);
  lcd.setCursor(0, 0);
    Serial.println("every thing is ok");
    lcd.print("flame detected");



  }
  delay(10); // Slow down the output for easier readingreturn(0)


}
```

Apêndice A2

Sensor IR

```
#include <Wire.h>
#include <LiquidCrystal.h>
#define sensor1 x =28
#define colx 8

int sensor1,sensor2;
LiquidCrystal lcd(22, 23, 24, 25, 26, 27);

void setup()
{
  Serial.begin(9600);
       pinMode(sensor1, INPUT);
       pinMode(sensor2, INPUT);
       lcd.begin(16,2);
       lcd.setCursor(0,0);
       lcd.print("Sensor1:");
       lcd.setCursor(0,1);
       lcd.print("Sensor2:");
}
void set1()
{ lcd.setCursor(colx,0); lcd.print("OK!!");Serial.println(" OK ");}
void set2()
{ lcd.setCursor(colx,0); lcd.print(" there is a thing"); Serial.println(" there is a thing"); }
```

Apêndice A3

Relé

```
const int buttonPin = 8;      // the number of the pushbutton pin
const int relayPin =  3;       // the number of the relay pin
float adc = 0;

// variables will change:
int buttonState = 0;         // variable for reading the pushbutton status

void setup() {
  // initialize the LED pin as an output:
  pinMode(relayPin, OUTPUT);
  // initialize the pushbutton pin as an input:
  pinMode(buttonPin, INPUT);
  pinMode(9, OUTPUT);


}

void loop(){

  //Convert from Digital to analog to celsius
  adc = analogRead(0)/1023.0*5*100.0; //2^bits * Vref * Tf (sensor)



  // read the state of the pushbutton value:
  buttonState = digitalRead(buttonPin);


if(adc > 50 || buttonState == HIGH)
    digitalWrite(9, HIGH);
   else
    digitalWrite(9, LOW);
  // check if the pushbutton is pressed.
  // if it is, the buttonState is HIGH:
  if (buttonState == HIGH) {
    // turn relay on:
    digitalWrite(relayPin, LOW);
  }
  else {
    // turn relay off:
    digitalWrite(relayPin, HIGH);
  }
}
```

Apêndice A4

GSM

```
#include <SoftwareSerial.h>
SoftwareSerial SIM900(2, 3);

void setup()
{
  SIM900.begin(19200);
  SIM900power();
  delay(20000);  // give time to log on to network.
}

void SIM900power()
// software equivalent of pressing the GSM shield "power" button
{
  digitalWrite(9, HIGH);
  delay(1000);
  digitalWrite(9, LOW);
  delay(5000);
}



void sendSMS()
{
  SIM900.print("AT+CMGF=1\r");
  delay(100);
  SIM900.println("AT + CMGS = \"01116204251\"");
  delay(100);
  SIM900.println("Hello, world. This is a text message from an Arduino Uno.");
  delay(100);
  SIM900.println((char)26);
  delay(100);
  SIM900.println();
  delay(5000);
  SIM900power();
}

void loop()
{
    sendSMS();
  do {} while (1);
}
```

Apêndice A5

GPS

```
#include <TinyGPS.h>


//SoftwareSerial Serial1(12, 13); // RX, TX
TinyGPS gps;

void gpsdump(TinyGPS &gps);
void printFloat(double f, int digits = 2);

void setup()
{
  // Open serial communications and wait for port to open:
  Serial.begin(9600);
  Serial1.begin(9600);


  // set the data rate for the SoftwareSerial port
  //Serial1.begin(9600);

  delay(1000);
  Serial.println("uBlox Neo 6M");
  Serial.print("Testing TinyGPS library v. "); Serial.println(TinyGPS::library_version());
  Serial.println("by Mikal Hart");
  Serial.println();
  Serial.print("Sizeof(gpsobject) = "); Serial.println(sizeof(TinyGPS));
  Serial.println();


  }

  void loop() // run over and over
  {
    bool newdata = false;
    unsigned long start = millis();

    // Every 5 seconds we print an update
    while (millis() - start < 5000) {
      if (Serial1.available())
      {
        char c = Serial1.read();
      //   Serial.print(c);  // uncomment to see raw GPS data
        if (gps.encode(c)) {
          newdata = true;
          // break;  // uncomment to print new data immediately!
        }
      }

    }
    Serial.println("5 seconds");

    if (newdata) {
      Serial.println("Acquired Data");
      Serial.println("-------------");
      gpsdump(gps);
```

```
void gpsdump(TinyGPS &gps)
{
  long lat, lon;
  float flat, flon;
  unsigned long age, date, time, chars;
  int year;
  byte month, day, hour, minute, second, hundredths;
  unsigned short sentences, failed;

  gps.get_position(&lat, &lon, &age);
  Serial.print("Lat/Long(10^-5 deg): "); Serial.print(lat); Serial.print(", "); Serial.print(lon);
  Serial.print(" Fix age: "); Serial.print(age); Serial.println("ms.");

  // On Arduino, GPS characters may be lost during lengthy Serial.print()
  // On Teensy, Serial prints to USB, which has large output buffering and
  //   runs very fast, so it's not necessary to worry about missing 4800
  //   baud GPS characters.

  gps.f_get_position(&flat, &flon, &age);
  Serial.print("Lat/Long(float): "); printFloat(flat, 5); Serial.print(", "); printFloat(flon, 5);
  Serial.print(" Fix age: "); Serial.print(age); Serial.println("ms.");

  gps.get_datetime(&date, &time, &age);
  Serial.print("Date(ddmmyy): "); Serial.print(date); Serial.print(" Time(hhmmsscc): ");
    Serial.print(time);
  Serial.print(" Fix age: "); Serial.print(age); Serial.println("ms.");

  gps.crack_datetime(&year, &month, &day, &hour, &minute, &second, &hundredths, &age);
  Serial.print("Date: "); Serial.print(static_cast<int>(month)); Serial.print("/");
    Serial.print(static_cast<int>(day)); Serial.print("/"); Serial.print(year);
  Serial.print("  Time: "); Serial.print(static_cast<int>(hour)); Serial.print(":");
    Serial.print(static_cast<int>(minute)); Serial.print(":"); Serial.print(static_cast<int>(second))
    Serial.print("."); Serial.print(static_cast<int>(hundredths));
  Serial.print("  Fix age: ");  Serial.print(age); Serial.println("ms.");

  Serial.print("Alt(cm): "); Serial.print(gps.altitude()); Serial.print(" Course(10^-2 deg): ");
    Serial.print(gps.course()); Serial.print(" Speed(10^-2 knots): "); Serial.println(gps.speed());
  Serial.print("Alt(float): "); printFloat(gps.f_altitude()); Serial.print(" Course(float): ");
    printFloat(gps.f_course()); Serial.println();
  Serial.print("Speed(knots): "); printFloat(gps.f_speed_knots()); Serial.print(" (mph): ");
    printFloat(gps.f_speed_mph());
  Serial.print(" (mps): "); printFloat(gps.f_speed_mps()); Serial.print(" (kmph): ");
    printFloat(gps.f_speed_kmph()); Serial.println();

  gps.stats(&chars, &sentences, &failed);
  Serial.print("Stats: characters: "); Serial.print(chars); Serial.print(" sentences: ");
    Serial.print(sentences); Serial.print(" failed checksum: "); Serial.println(failed);
}
```

```
void printFloat(double number, int digits)
{
  // Handle negative numbers
  if (number < 0.0) {
     Serial.print('-');
     number = -number;
  }

  // Round correctly so that print(1.999, 2) prints as "2.00"
  double rounding = 0.5;
  for (uint8_t i=0; i<digits; ++i)
    rounding /= 10.0;

  number += rounding;

  // Extract the integer part of the number and print it
  unsigned long int_part = (unsigned long)number;
  double remainder = number - (double)int_part;
  Serial.print(int_part);

  // Print the decimal point, but only if there are digits beyond
  if (digits > 0)
    Serial.print(".");



   while (digits-- > 0) {
     remainder *= 10.0;
     int toPrint = int(remainder);
     Serial.print(toPrint);
     remainder -= toPrint;
   }
 }
```

Apêndice A6

Deteção remota

```
#include "IRremote.h"

int receiver = 35; // Signal Pin of IR receiver to Arduino Digital Pin 11

/*-----( Declare objects )-----*/
IRrecv irrecv(receiver);      // create instance of 'irrecv'
decode_results results;       // create instance of 'decode_results'
 int Pin1 =  34;

void setup()   /*----( SETUP: RUNS ONCE )----*/
{
  Serial.begin(9600);
  Serial.println("IR Receiver Button Decode");
  irrecv.enableIRIn(); // Start the receiver
  pinMode(Pin1, OUTPUT);

}/*--(end setup )---*/


void loop()   /*----( LOOP: RUNS CONSTANTLY )----*/
{
  if (irrecv.decode(&results)) // have we received an IR signal?

  {
    //translateIR();
    irrecv.resume(); // receive the next value
  }
```

```
}/* --(end main loop )-- */

/*-----( Function )------*/
void translateIR() // takes action based on IR code received

// describing Remote IR codes

{

  switch(results.value)

  {

  case 0xFF629D: Serial.println(" FORWARD");
       digitalWrite(Pin1, HIGH);
       Serial.println(" relay");
break;
  case 0xFF22DD: Serial.println(" LEFT");
   digitalWrite(Pin1, LOW);
       Serial.println(" relay2");
       break;
  case 0xFF02FD: Serial.println(" -OK-");     break;
  case 0xFFC23D: Serial.println(" RIGHT");   break;
  case 0xFFA857: Serial.println(" REVERSE"); break;
  case 0xFF6897: Serial.println(" 1");    break;
  case 0xFF9867: Serial.println(" 2");    break;
  case 0xFFB04F: Serial.println(" 3");    break;
  case 0xFF30CF: Serial.println(" 4");    break;


  case 0xFF18E7: Serial.println(" 5");    break;
  case 0xFF7A85: Serial.println(" 6");    break;
  case 0xFF10EF: Serial.println(" 7");    break;
  case 0xFF38C7: Serial.println(" 8");    break;
  case 0xFF5AA5: Serial.println(" 9");    break;
  case 0xFF42BD: Serial.println(" *");    break;
  case 0xFF4AB5: Serial.println(" 0");    break;
  case 0xFF52AD: Serial.println(" #");    break;
  case 0xFFFFFFFF: Serial.println(" REPEAT");break;

 //default:
   // Serial.println(" other button   ");

  }  // End Case

  delay(500); // Do not get immediate repeat

  } ;
```

Apêndice A7

Folha de dados do escudo GSM-GPRS

- Descrição geral

O GPRS Shield - EFCom é um módulo sem fios ultra compacto e fiável. Este GPRS Shield é compatível com todas as placas que têm o mesmo fator de forma (e pinout) que uma placa Arduino padrão.

O EFCom é baseado no módulo GPRS de 4 frequências SIM900. É configurado e controlado através da sua UART usando comandos AT simples. Basta ligar este shield à placa Arduino/Freaduino para poder controlar facilmente o EFCom através de comandos AT. Pode usar os 2 blocos de jumpers para ligar o poste URAT do SIM900 a qualquer pino dentro de D0-D3 (para porta série de Hardware/Software). Há um interrutor na placa, que pode ser usado para selecionar a ligação da porta UART ou da porta de depuração, até pode ser configurado no Arduino, mas através do interrutor e do bloco de jumpers, o SIM900 pode ser ligado ao PC através do FT233RL. 2.

- Caraterísticas

o Quad-Band 850/ 900/ 1800/ 1900 MHz

o Totalmente compatível com Arduino / Freaduino e Mega.

o Ligação da porta série livre, pode selecionar Hardware Serial

o (D0/D1) ou a porta de série do software (D2/D3).

o SIM900 com todos os pinos. Não apenas a porta UART e a porta de depuração são layout, mas também todos os pinos do SIM900 são conectados ao passo padrão 2.54.

o Supercondensador para a potência do RTC

o Duas formas de ligar e reiniciar o EFCom. Pode ser controlado pelo botão na placa e pode ser controlado pelos pinos digitais do Arduino.

o GPRSmulti-slotclass10/8

o Classe de estação móvel GPRS B

o Compatível com GSM fase 2/2+ - Classe 4 (2 W @850/ 900 MHz) - Classe 1 (1 W @ 1800/1900MHz)

o Controlo através de comandos AT (GSM 07.07, 07.05 e comandos AT melhorados EFCOM)

- Baixo consumo de energia: 1,5mA (modo de suspensão)
- Dimensão: 68,33x53,09mm (a mesma dimensão da placa principal do Arduino)

- **Aplicações**
  - Casa inteligente.
  - Controlo robótico
  - Comunicações GSM

- **Caraterísticas electrónicas**

PARAMETER	MIN	TYP	MAX	UNIT
Power supply voltage	6	-	12	V
Power supply current	1.5	100	2000	mA
HIGH level input voltage	3	3.3	3.6	V
LOW level input voltage	-0.3	0	0.5	V

- Informações sobre a pandemia

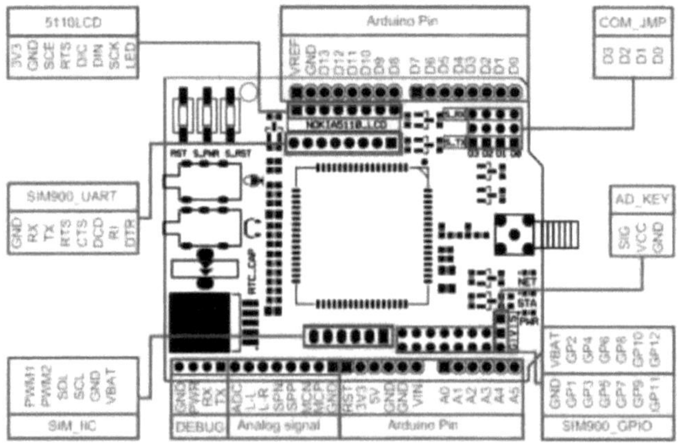

TYPE	SYMBOL	DESCRIPTION
Arduino Pin	D0	Selectable communication pin，it can be selected as RX or TX
	D1	Selectable communication pin，it can be set as RX or TX
	D2	Selectable communication pin，it can be selected as RX or TX
	D3	Selectable communication pin，it can be selected as RX or TX
	D4	Connect to SIM900 UART Bus RI
	D5	Soft controlled Reset SIM900
	D6	Soft controlled Power on/off SIM900
	D7	-
	D8	-
	D9	Connect to 5110LCD Clock
	D10	Connect to 5110LCD Data
	D11	Connect to 5110LCD Data or Command selection
	D12	Connect to 5110LCD Reset
	D13	Connect to 5110LCD SCE
	A0	-
	A1	-
	A2	-
	A3	-
	A4	-
	A5	AD_KEY Signal
5110LCD	3V3	5110LCD Power Supply
	GND	5110LCD Power Ground
	SCE	5110LCD Chip enable （Active Low）
	RTS	5110LCD Reset （Active Low）
	D/C	Data or Command selection(Low-Write Command，High Write data)
	DIN	5110LCD Serial data input
	SCK	5110LCD Colock input
	LED	5110LCD Back Light (3.3V)
SIM900_UART	GND	Power Ground
	RX	SIM900 Serial Port Receive
	TX	SIM900 Serial Port Transmit
	RTS	SIM900 Request To Send
	CTS	SIM900 Clear To Send
	DCD	SIM900 Data Carrier Detect
	RI	Ring Indicator
	DTR	SIM900 Data Terminal Ready
SIM_IIC	PWM1	SIM900 PWM output
	PWM2	SIM900 PWM output
	SDL	SIM900 IIC Bus Data
	SCL	SIM900 IIC Bus Clock
DEBUG	GND	Power Ground
	PWR	Power Supply
	RX	SIM900 Debug Port Recevie. For debugging and uploading firmware
	TX	SIM900 Debug Port Transmit. For debugging and uploading firmware
Analog signal	ADC	Analog signal input
	L-L	Line-in input Left Channel
	L-R	Line-in input Right Channel
	SPN	Differential audio output
	SPP	Differential audio output
	MCN	Differential audio input
	MCP	Differential audio input
	GND	Power Ground

SIM900_GPIO	GND	Power Ground
	VBAT	Power Supply
	GP1	GPIO1
	GP2	GPIO2
	GP3	GPIO3
	GP4	GPIO4
	GP5	GPIO5
	GP6	GPIO6
	GP7	GPIO7
	GP8	GPIO8
	GP9	GPIO9
	GP10	GPIO10
	GP11	GPIO11
	GP12	GPIO12
AD_KEY	SIG	External AD Keypad signal input
	VCC	Power supply for AD Keypad
	GND	Power Ground
COM_JMP	D0	Can be set as TX(Short to S_RX) or RX(Short to S_TX)
	D1	Can be set as TX(Short to S_RX) or RX(Short to S_TX)
	D2	Can be set as TX(Short to S_RX) or RX(Short to S_TX)
	D3	Can be set as TX(Short to S_RX) or RX(Short to S_TX)

- **Configuração do hardware**

o Definição do jumper de Uart

Pode utilizar o jumper para ligar os pinos TXD e RXD do SIM900 a quaisquer pinos do Arduino D0-D3.

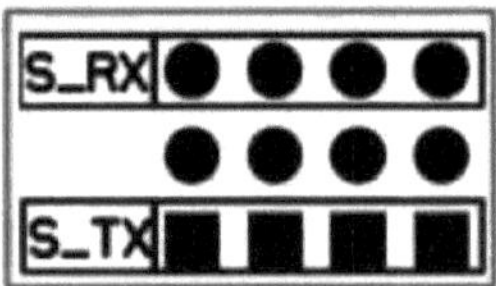

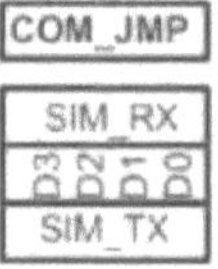

Quando se utiliza a ligação em ponte como na Figura 3, o SIM900 liga-se ao ATMega328

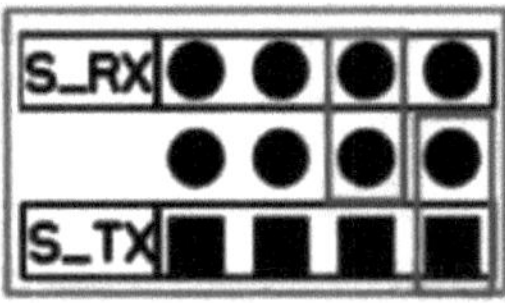

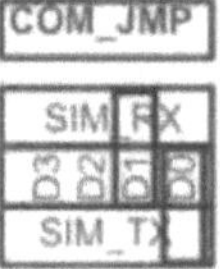

chip na placa (Arduino Pin DO RX é e DI é TX).

Quando se utiliza a ligação em ponte como na Figura 4, o SIM9OO liga-se ao chip FT232RL, pelo que se pode utilizar o software de série no PC para controlar ou configurar o módulo SIM9OO.

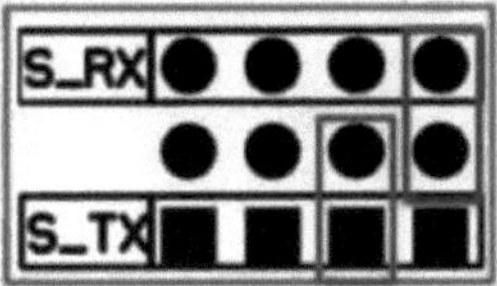

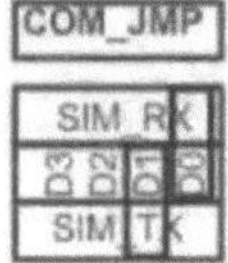

Sugerimos a utilização da ligação com jumper como na Figura 5. Nesta ligação, pode utilizar a biblioteca de software-serial para controlar o SIM9OO e utilizar a porta série nativa do Arduino (DO,DI) para comunicar com o PC. É uma boa maneira de mostrar informações de depuração no terminal da porta serial do PC.

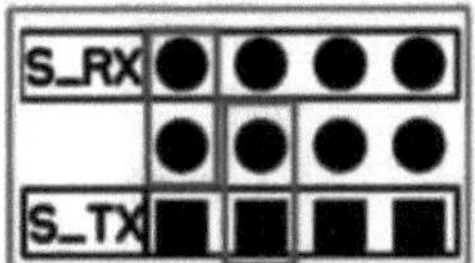

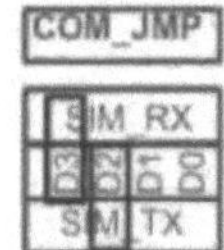

- Descrição dos LEDs indicadores e dos botões

BUTTONS	DESCRIPTION
RST	Reset Arduino
S_PWR	Power on/off SIM900 (It also can be controlled by D5)
S_RST	Reset SIM900 (It also can be controlled by D6)

LED	STATUS	DESCRIPTION
PWR	ON	Power on the EFcom
	OFF	Power off the EFcom
STA	ON	Power on the SIM900
	OFF	Power Off the SIM900
NET	OFF	SIM900 is not running
	64ms ON/800ms OFF	SIM900 not register the Network
	64ms ON/3000ms OFF	SIM900 registered to the network
	64ms ON/300ms OFF	GPRS communication is established

- Esquema das dimensões

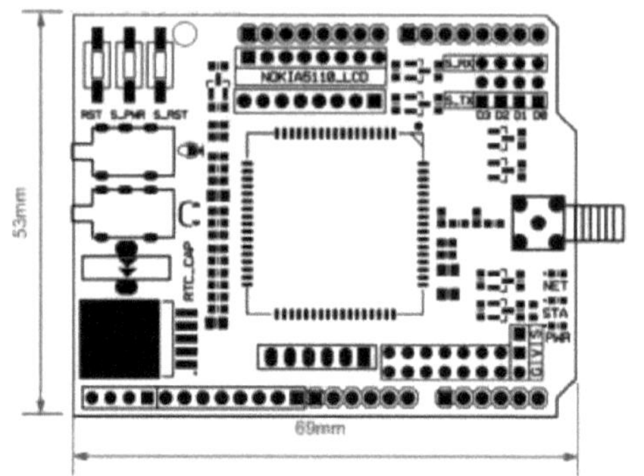
RST S_PWR S_RST
NOKIA5110_LCD
S_RX
S_TX
D3 D2 D1 D0
RTC_CAP
NET
STA
PWR
53mm
69mm

Apêndice A8

- Esquema de placa de circuito impresso

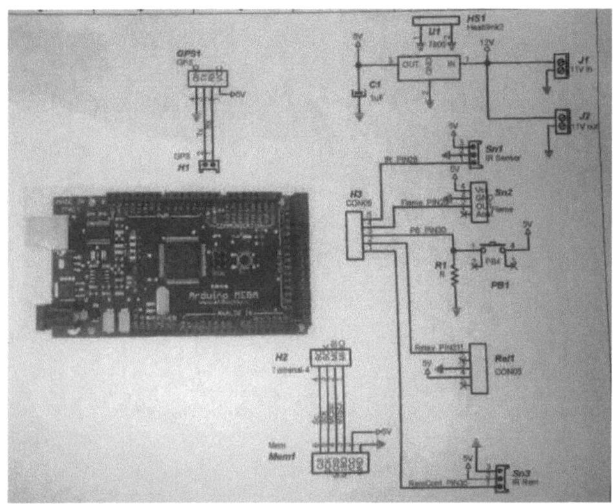

- Conceção de placas de circuito impresso

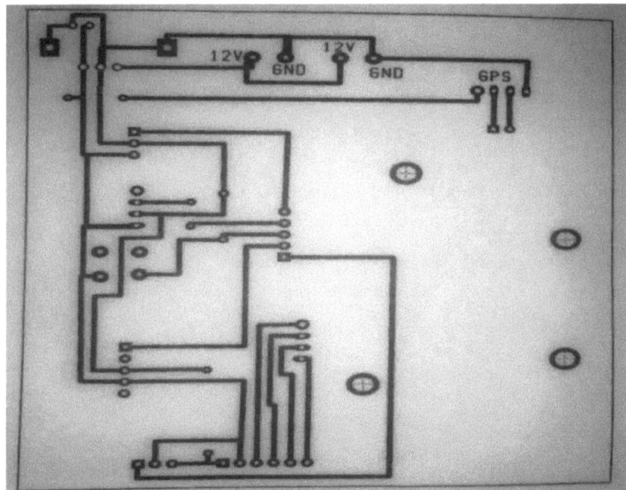

Printed by Books on Demand GmbH, Norderstedt / Germany